# 献　给

黄云弟、冯倩、吴立心、吴逸兮

心儿、逸儿，把一个问题想明白的快乐是一种非常大的快乐。

系统科学系列教材

# 系统科学导引

## (第I卷：系统科学概论)

吴金闪　著

科学出版社

北京

## 内 容 简 介

本书共3卷。《第I卷：系统科学概论》旨在通过具体研究工作的例子来展示什么是系统科学，系统科学在什么样的问题中可以发挥作用，系统科学有哪些思维方式和分析方法。

本书的读者包含系统科学的研究者、教师、学生，其他专业但是对交叉科学和复杂性研究感兴趣的研究者、教师、学生，以及对什么是科学、科学和数学与生活还有你自己的关系感兴趣的一般读者。尤其推荐给最后一个读者群体。


**图书在版编目(CIP)数据**

系统科学导引. 第I卷，系统科学概论/吴金闪著. —北京：科学出版社，2018.5

ISBN 978-7-03-057143-4

Ⅰ.①系… Ⅱ.①吴… Ⅲ.①系统科学-概论 Ⅳ.①N94

中国版本图书馆CIP数据核字(2018)第074702号

责任编辑：钱 俊／责任校对：杨 然
责任印制：吴兆东／封面设计：无极书装

科学出版社出版
北京东黄城根北街16号
邮政编码：100717
http://www.sciencep.com

北京中科印刷有限公司印刷
科学出版社发行 各地新华书店经销
*
2018年5月第 一 版 开本：720×1000 B5
2025年1月第六次印刷 印张：13
字数：230 000

**定价：99.00元**

(如有印装质量问题，我社负责调换)

# 致　谢

在“系统科学导引”课程开设、教材写作和 MOOC 建设期间，作者得到了多位老师和同事的帮助，包含方福康、狄增如、李克强、裴寿镛、王有贵、王大辉、樊瑛、袁强、汪明、张鹿等，在此表示感谢。同时，本书在材料选取的原则 —— 关注主线、“教的更少，学得更多”、关注事物之间的联系、教学要带领学生上层次、要讲就讲个明白等，受到了我在物理系的多位老师 Mona Berciu、杨展如、裴寿镛、梁灿彬、漆安慎、喀兴林等的教学和教材的影响。在此一并表示感谢。

感谢我的课堂上以及“大物理学 (Big Physics)”① 研究团队的学生，你们给我很多的学习、研究和教学上的启发。除了从我的老师们那里汲取的注重主线的教学、汉字学习的研究工作、Novak 的概念地图学习方法发展而来的关注概念之间联系的思想 —— 系联性思考，在整本书的内容选取上最重要的另一个思想 ——“教的更少，学得更多”，就是因为要在最短的时间里面让你们对系统科学有比较深刻的认识，并且准备一些核心的原则上最少量最必要的但是实际上也为数不少的数学物理的基础，这个目的才建立起来。因此，你们是我的教学思想发展的重要动力，尤其是考虑到你们背景学科和目标学科的多样性。另外，还要感谢我测试内容和讲法的“小白鼠们”—— 课程的助教和学生。

尽管大部分研究实例都来自于其他研究者的研究工作，本书也有一些我自己的研究工作的例子。这些工作大部分都是在其他合作者，例如闫小勇、沈哲思、李梦辉、Mona Berciu 等的支持下做出来的研究工作。非常感谢这些以及其他正在开展工作的合作者，并希望将来能够做出更多可以称为案例的研究工作。

感谢我的夫人冯倩对于我做各种探索的支持。感谢我的岳母姚书君对孩子们的悉心照顾，使得我有更多的时间来做这些探索并完成本书。感谢心儿和逸儿，不仅让我更加快乐和努力地工作，还时不时地当我用来尝试讲法和内容选取的“小白鼠”。例如，Chladeni 斑图和虹吸现象，就是这样尝试的结果之一。

---

① http://www.bigphysics.org，2018 年 2 月 1 日访问。

# 序

看到吴金闪教授这套《系统科学导引》，明显地感觉到与众不同的地方：书名不叫导论，也没有用引言这一类标题，而是用了“导引”这样一种开放性的提法。这个提法明白地告诉读者，本书要通过学习引导你考虑一些系统科学的基本问题，告诉你在哪些科学知识的基础上去思考，如何去思考。从本书的内容和结构来看，很明显的存在着三条主线，即系统科学的发展进程及其主要内容和成就，然后用大量的篇幅论述作为一门科学发展的理论基础，特别是数学和物理在建立一个理论体系中的作用，再者就是对如何进一步发展系统科学的思考。其实，这一部分发展系统科学的思想是贯穿全书的，因为“导引”的目的就是要引发读者的思考，特别是面对系统科学这一新兴学科所涉及的未知世界。

在一部篇幅有限的教材里，要完成这三项任务是困难的。这里显示了吴金闪教授与众不同的地方，他志存高远，宣称要用最少的语言、最核心的概念来阐明问题。这是一项挑战，考验的是吴金闪教授对系统科学这一学科产生和发展理解的深度，考验的是他对于系统科学赖以发展的科学基本理论掌握的程度和高度概括的能力。当我们阅读本书力学和量子力学两章，可以明显地感到吴教授为实现他的诺言所做的努力。至于系统科学的展开和后续发展的内容，则由于这门学科发展迅速，内容十分广泛，不同学者会有不同的取向和偏爱，只要把系统科学的特点予以说明就可以了，尽管会具有浓厚的个人色彩。所以，对于吴金闪教授这套“导引”教材，如果仔细体会，无论对于系统科学发展的历程，发展这门学科所需要的理论储备以及如何去发展这门学科，都会受益匪浅，而对于初涉系统科学的青年学子来说，更是能启迪他们的思维，更快更好地进入到系统科学这一广阔的领域。

作为一篇序言，也是对应作者“导引”二字的提法，下面，沿着序言中所提出的三个问题，提出一些看法，作为一种意见参与讨论，也可以算作序言的一个延伸部分。

# (一)

在 2015 年北京大学的毕业典礼上，有一个著名的演讲，当时身为生命科学学院院长的饶毅教授，代表学校教师向毕业生致辞。总共 1500 多字的讲话，获得了多次热烈的掌声。对于我这个读者来说，看重是演讲中的两句话，“从物理学来说，无机的原子逆热力学第二定律出现生物是奇迹”，“从生物学来说, 按进化规律产生遗传信息指导组装人类是奇迹”。

一位生物学家，能够对科学的前沿作如此的概括，确实能使人感受到他的功力。实际上，所谈到的第一个奇迹涉及的是现代系统科学实质性的开始。这里的要点是逆热力学第二定律的提法，当学者们认识到在逆热力学第二定律的后面，还存在着一幅崭新的画卷，此时一个新的科学世界的历程就开始了。在这里有两位学者是需要提到的，一位是 N. Wiener，他最早对逆热力学第二定律的世界有清晰的理念。他指出“我们所做的是在奔向无序的巨流中努力逆流而上，否则它将一切最终陷于热力学第二定律所描绘的平衡和同质的热寂之中……我们的主要使命就是建立起一块块具有秩序和体系的独立领地……我们只有全力奔跑, 才能留在原地” [1]。另一位要提到的学者是 I. Prigogine，他给出了逆热力学第二定律的物理内容和数学形式。这就是耗散结构理论。这个理论冲破了热力学第二定律的限制，指出对于开放系统，在远离平衡的条件下，能够形成一种相对稳定的结构，称之为耗散结构。Prigogine 先是用实验确切地在流体、化学反应两个系统中让世人看到了这个相对稳定的耗散结构。再者，他证明了在热平衡的线性区是不可能出现这种结构的，一定在远离平衡的非线性区，才会有相对稳定的，称之为耗散结构的出现。然后，在论证和讨论了耗散结构的各种性质特点之后，Prigogine 和他的 Brussels 学派，发展了一套数学理论来定量地描述耗散结构形成的过程、性质和特点，并将其应用到各具体系统和领域，特别是出现了被称为奇迹的生物。耗散结构的出现，包括实验和他的理论体系，使得突破热力学第二定律的想法从议论变为科学。

在此之后到现在的 40 年间，无论从研究的领域，还是理论计算的方法都有很大的发展。研究的领域，从最初 20 世纪 80 年代由*Science* 提到的 7 个方向，发展到 21 世纪初，由 Hoker 的归纳，有了 12 大门类，28 个学科领域，涵盖了生命、神经、人类学、社会、经济、军事、管理等一切方面。研究的方法，也从原初的数理方程，拓展到应用计算机、网络、大数据等现代信息工具。面对着系统科学这样一个庞大的体系，包括这门学科的兴起、发展的历程、多种数学工具的运用、涵盖内容众多的学科体系，以及这门学科仍在迅猛发展的势头，要在篇幅有限的著作里，诠释这样一件科学事件是不容易的。但在，吴金闪教授这部著作中, 可以看到，他以自己独特的风格完成了一个很有特色的答案。

然而，系统科学或复杂性研究目前的进展并不令人满意。虽然有众多研究领域的展开，在研究工具上，网络和计算机发挥了强大的威力，应用于各种具体系统也取得令人欣喜的结果，但是对复杂系统基本规律的探索并没有取得实质性的进展，各个研究领域、各种研究结果，还是停留在已有的理论基础上，只是在外延上获得发展和展开。像饶毅教授提出的生物学奇迹的探索，涉及进化规律、遗传信息、组装人类这样一些实际上是复杂性研究核心理论问题的研究，并没有获得理论上的突破，还有待于系统科学的未来。

## (二)

吴金闪教授这部“导引”著作的另一个显著特点是认认真真地讨论了系统科学所涉及的科学基础。系统科学作为 21 世纪的前沿学科，讨论的完全是一堆全新的复杂系统对象，从数理学科的角度来观察，是从未系统地处理过的。而从耗散结构理论开始，复杂系统的研究显然已经进入到了一个新的阶段，即用数理科学的工具和方法，来获得科学的定量化的结果。这样的研究，与早期的系统科学研究如一般系统论那样定性地讨论是完全不同的，在这里需要的是实实在在的科学理论概念和处理实际问题的数理方法。因此在教学内容的选择上，既要照顾到在科学历史上那些行之有效、有成功经验的数理科学方法，又要适当地介绍随着复杂性研究工作的进展，在近些年来新发展起来的工具和方法。这两方面都有丰富的内容，而要在一部篇幅有限的教材中完成这两项硬任务是考验吴教授的理论基础和学术功力。作者没有回避这个矛盾，他宣称要用最少的文字语言来介绍这些最经典的理论，而实际上他是很出色地完成了这个任务。在理论物理学的经典科学库中，吴教授选择了力学、量子力学和统计物理三门课程。其中量子力学是最能体现业务实力的，我们可以从作者用最少语言的描述中，看看他是如何处理量子力学这门学科的。

量子力学作为微观世界的奠基，与相对论一起，被称为 20 世纪巅峰的成就，独领风骚达半个多世纪。但是量子力学的核心内容只不过是少数几条基本原理（常见的提法是 5 条基本原理）。正是在量子力学基本原理的基础上，搭建起了处理各类微观客体运动规律的理论框架。不仅如此，在精妙的数学描述下，量子力学的基本内容获得了十分抽象而又十分精确的数学表述。由量子力学的物理内容所揭示的微观粒子的描述，不过是 Hilbert 空间中的一个矢量，或者说是在这个空间中所描述的一个状态，算子作用于矢量，引起状态的变化，而形成运动方程。Hilbert 空间中矢量的变换或描述状态的方式变换，构成了表象理论。用物理语言颇为费力的一些内容，在精巧的数学语言下变得简单、精确。这种深刻的物理思想和精巧的数字语言的结合，正是揭示物质运动基本规律最有力的工具。在有关量子力学的章节，可以看到作者用最少的语言而做的最大的努力，竭力将量子力学的物理抽象和涉及的数学语言传递给读者。类似地，在力学这一部分，在极有限的篇幅中，不仅介绍了牛顿力学，而且要讲到分析力学。综观全书，作者始终强调物理观念和数学思想的重要性。这样的强调不仅是为了继承，更是为了发展，为的是建立一个复杂系统所需要的理论，做好必要的理论储备。

## (三)

创新，是一门学科成长、壮大、发展的根本之道。系统科学的发展需要创新，而且是不断创新。目前对系统科学最需要的，是对于复杂系统这个未知世界基本规律的掌握，并由此进一步建立起各种运算体系，解决具体课题。吴金闪教授的著作将创新的理念贯彻全书并指出了必须注意的要点，一是要具体化，二是联系、联系、再联系。对于具体系统的关注，各家会有所不同，但是总体上的目标是探索和发掘复杂系统这个未知世界的基本规律。

首先会想到的问题，是世间事物的运动形式和发展规律，不应该只停留在物理世界的物质和能量的理论框架内，特别是涉及生命、神经、人类、社会这样一群复杂系统或更确切地说是复杂适应系统。信息在系统演化和发展过程中的作用已十分明显和重要。所以在理论框架上，应该建立起一个物质、能量、信息的三元素世界，在这个更宽的框架内描述它们的状态，发掘其运动规律。但是在我们的科学宝库中，并没有现成的含有物质、能量、信息三元素世界的理论框架，物理学是 20 世纪影响较大的一门学科，涉及了微观领域的各个部分和高速运行的客体等。但是，在物理学中只讨论物质和能量，不涉及信息。另外一门专门讨论信息的学问——信息论，则是专门研究信息传递过程的，从信息源、信道，到信宿，讨论的是信息如何准确传递，如何解决抗干扰。在信息论中，也没有涉及物质和能量的相互关系。所以在现有的科学库中，信息与物质没有现成的交集，更谈不到信息与物质相互作用的方式与内容。在这个领域内，无论是理论概念，还是计算方法，目前还没有形成被大家所公认并可被大家接受的理论成果。

尽管信息与物质的相互作用规律还没有被充分揭示，但已经有很多学者和实际工作者关注和讨论了信息的重要作用，并得到了许多有意义的成果，为进一步解决这个问题提供了准备。早期有生物学家汤佩松，后来钱学森、徐光宪也有过论述，周光召还提出了信息与物质的相互作用在社会系统中会起主要的作用。之后，随着对信息研究的展开，徐光宪先生提出了人工信息量的概念，并进行了量值的初步估算。不同于依靠生物自然进化而形成的自然信息量，人工信息量是指人类由于有了语言以后所生成的信息。徐先生估算人类自然信息量的总量为 $10^{35}$ bit 量级，而全球人工信息总量估算是 $10^{20}$ bit 量级，且每年约以 30% 的速度增长 [2]。徐先生的人工信息量的概念实际上是为人类建立了一套完全不同于生物自然进化而形成的信息系统，不妨称之为第二信息系统。这套建立在语言发展基础上的人类所特有的第二信息系统，在人类的发展壮大和人类社会的形成和进步起到了决定性的作用。首先，由于语言的产生和第二信息系统的形成使人类与动物界彻底分离开来，逐步成为自然界的主宰 [3;4]。然后，由于第二信息系统的不断发展与完善，并与物质生产、社会体制相互结合逐步完善，使得人类从一些弱小的种群，发展壮大成为强大的族群，直到形成社会和国家，成为在地球上目前最为强大的生命体。

信息与物质相互作用的重要性是清楚的，但是迄今为止还没有一个信息与物质相互作用关系的数学表述形式，需要作一些试探。遵循着达尔文所指出的语言对人类发展的关键作用，最近我们讨论了语言作为信息对人脑这类物质的发展作用。在实验数据的支持下，我们得到了这一类包含信息物质运动的数学表达形式，可以用一个非自治的动力学方程来描述，其中信息与物质的相互作用是方程中含时间 t 的驱动项。这样的一个计算结果仅是一个单例。它虽然给出了信息与物质相互作用在这个具体问题中的表达式，但并不一定显示出是一种普适的形式，因为信息与物质相互作用是复杂的，存在多种表现形式，现在我们还未能窥测它的全貌。但无论如何，在这里我们找到了一种具体的信息与物质相互作用的数学表述形式及其所反映的科学内容，希望能成为一个好的开始，在探索复杂系统的基本规律上获得进步。

方福康

2018 年 4 月

## 参考文献

[1] Wiener N. I Am a Mathematician: The Later Life of a Prodigy. 1964, 324.

[2] 徐光宪. 化学分子信息量的计算和可见宇宙信息量的估算. 中国科学 B 辑：化学，2007，37(4)：313.

[3] 达尔文. 人类的由来. 1887, 第三章.

[4] Nowak M A. Evolutionary Dynamics. Harvard University Press, 2006.

# 前　　言

这是一个非同一般的 (长、复杂、混乱) 前言，或者更应该看做是整本书的内容和背后思考的总结。在这里，我们先来简要和不自量力地讨论一下系统科学这个学科的最关键的问题 —— 什么是系统科学，然后说明一下本书的目的和定位。目的是帮助你决定是不是值得仔细阅读这本书。

整本书我们都在展现本书封底上的几句话：

> **联系 $^1$，联系 $^2$，联系 $^3$**
> **从具体系统中来，到具体系统中去**
> **从孤立到有联系，从直接到间接，从个体到整体**
> More is Different, More is The Same
> **(一片两片三四片，构成系统出涌现；五片六片七八片，飞入系统都不见)**

其中最后一句是对那句英文的翻译。在任何一个具体例子的讨论之后，包含这个前言里面的例子，请亲爱的读者一定要来体会一下这几句话和那些例子的联系。

## ■ 真的前言

经常听到“这是一个系统工程”，什么什么“是一个系统性问题”这样的说法，来形容某件事情或者某个东西比较复杂，有的时候也意味着这个事情或者这个东西应该用某种适合“系统性问题”的方式来解决。如果这个说法有意义，其实就要求我们必须先有一些这样的解决方法。我们有吗？甚至，我们有什么样的问题是系统性问题的一个比较科学完整的说法或者定义吗？如果这些都没有，那么，当我们说什么什么是系统工程或是系统性问题的时候，也就是我们无能为力、问题太过复杂的代名词。作为科学家，我们显然不能满足于这样的代名词：系统科学就是实在太复杂的我们没有办法的研究对象的代名词。因此，本书的最主要的目的就是讨论什么是系统科学，系统科学有哪些比较有自己学科特点的思维方式和分析方法，有哪些有特点的研究实例。我们也会稍微回答一下，需要哪些数学物理的知识、思维方式和分析方法的基础。

本书是我在北京师范大学开设“系统科学概论”和“系统科学数理基础”两门课的教材。为了能够让学生体会什么是系统科学，并且从欣赏研究实例和做练习中学会一些系统科学的思维方式和研究方法，我必须自己先有一个反映什么是系统科学的概念体系以及相应的研究实例的体系。这本书就是这样一个不断挑战我自己对系统科学的认知，不断整理体系所得到的一个结果，不能算是这个学科的一个完整的阐释。

在本书第一部分还会有关于什么是系统科学的更加详细的讨论。这里仅仅做一个相当粗略的讨论。系统科学目前还不是一门成熟的学科，因此这样的讨论很难，但是很有必要。我们希望通过阅读本书的前言，读者可以大概了解什么是系统科学，这样看起来后面的部分会有一个更好的整体思路，或者叫做学科大图景：一个学科的典型对象、典型问题、典型思维方式、典型分析方法、和世界以及其他学科的关系。当然，我们梦想中的目标是，就算读者不再去花时间学习本书剩下的章节，你也能够明白系统科学大概是什么。不过，我们只能尽力去向着这个目标努力，本书也仅仅是一个这样的尝试。如果能够启发读者来思考这个问题，那么，就不算完全失败了。

在一边编写一边使用这个教材六年之后，我觉得，尽管还是很不成熟，但也有必要和大家分享，接受大家的批评了，于是就有了本书的出版。本书的电子版以及所用的课堂讲稿可以通过访问“吴金闪的书们”① 来获得。课程“系统科学导引”②已经录制成 MOOC 课程的形式在网易云课堂、网易公开课上线。本书、讲稿和视频课程的主要目的是给学生一个什么是系统科学的导引，给专家一个可以批判的系统科学入门课程。正是由于系统科学还不是一个成熟的学科，这样供批判的体系和材料才更加重要。希望使用本书的专家和学生能够帮助我一起来把这本书写得更好，这个课上得更好，这个学科发展得更好。

由于篇幅关系，本书打算按照Ⅰ、Ⅱ、Ⅲ三卷本的形式出版。但是，由于后面两卷的内容目前还没有定稿，实际上，本书目录中的后两卷只提供章名，具体内容也可能在后续的写作过程中修改，但是主体结构应该是差不多了。

---

① http://www.systemsci.org/jinshanw/books，2018 年 2 月 1 日访问。

② 请在各自平台上搜索“系统科学导引”就可以找到本课程。

再一次强调，本书仅仅是在说明“系统科学是什么”这个问题上的一个探索，主要为了提供一些例子和观点供研究者进一步讨论，促进这个学科的成熟和发展。

## ■ 什么是系统科学

粗略地说，系统科学就是具有系统特征的科学。什么是系统特征，下面会展开讨论。但是，首先，我们要注意，系统科学是科学，不是哲学，不是数学。科学是需要为实际问题提出一个可计算的模型，并且所算出来的答案还要可验证或者至少可证伪①。因此，仅仅停留在典型思维方式的层面不会让一个学科成熟，我们必须从对具体对象、具体问题的研究中总结出来典型分析方法，甚至找到这些典型分析方法背后的数学结构，更进一步让这个学科来解决实际社会的问题，才是科学。讨论科学，就不能不讨论数学和具体学科的科学的关系问题。因此，我们把前言分成了如下几个部分：什么是系统科学，系统科学的还原论和整体论，系统科学和数学、物理的关系，系统科学自己的典型分析方法，以及本教材的目的和定位。

实际上本书的整体结构也遵循了同样的逻辑结构。首先是通过具体研究例子来做一个系统科学的导论，然后是通过更多的例子来总结和展示可以认为是系统科学的典型思维方式和分析方法，接着是学习一些数学和物理的分析方法思维方式甚至具体知识，最后是再一次来提炼大概可以算作是系统科学的典型分析方法。同时在系统科学导论那一章，也是类似的思路：什么是系统科学、系统科学和数学以及物理的关系、系统科学的典型思维方式和典型分析方法以及一些例子。从这个角度看，本书就是按照系统科学的思维方式来组织的，例如结构上的自相似性、每一个章节之内和之间的关系。甚至，我们还给本书做了一个主要内容和主要概念的概念地图。在本书的最后，我们还整理了一个系统科学的概念地图，供读者参考。

传统的学科基本上按照研究对象来分类的，例如物理学研究物理过程，生命科学研究生命体，地理科学研究地理现象，脑科学研究大脑的活动，经济学研究经济行为。有的实际问题可以一定程度上独立出来成为某个学科的研究对象。但是，大量的实际系统的问题，实际上，是多学科的。有的时候有的问题粗粗看起来不是

① 科学的可证伪性是指一个论断 (命题)—— 例如“天下乌鸦都是黑的”—— 可以是错的，如果出现了某个现象的话 —— 例如出现了一只不是黑色的乌鸦，但是实际现象中迄今为止都没有观测到那个可以推翻这个论断的现象 —— 例如，如果迄今为止所有能够看到的乌鸦确实都是黑的，那么这个论断就是科学的。更多关于可证伪性以及什么是科学的讨论可以参考文献 [1]。

多学科的，但是运用多学科的角度和分析方法可能可以回答得更好。例如决策和对策是经济行为，于是也是经济学的基础，但是实际上决策和对策过程本身是脑科学的研究对象。经济学中的简化处理 —— 理想经济个体追求自身经济利益最大化 —— 在很多时候能够给出大致准确的描述，但是大量的问题其实不能通过这个简单假设来处理。这样的问题就不是单个学科能够解决的问题。当然，对于这个具体的例子，实际上需要进一步研究决策的大脑活动基础。于是，正好就是神经经济学 [2] 的研究对象。也就是说，只要建立一个新的交叉学科就可以解决这样的传统学科边界之外的问题了。也就是说，尽管我前面提到的“问题是跨越学科边界的”是对的，但是，我们仍然没必要有一个“系统科学”，只要有一个个的传统学科的交叉学科们就好了。那是我这个例子没有举好。

我们来换几个例子，希望从中看到一些共性。我们来看一个通过广告和身边朋友的选择来影响你买一个什么品牌的手机的问题。如果我们不考虑朋友关系，那么，这个问题就是一个在产品质量、社会风气和广告影响下的个体决策问题。当然，如果仔细考量，实际上社会风气和广告传播途径的背后有网络和相互作用的因素 —— 社会风气还是通过周围的朋友或者某种其他物理途径才能影响到你，广告传播也必须考虑介质和介质的地理位置等因素。这些因素对于每一个人可能是不一样的。让我们先忽略这个可能有个体差别的需要考虑相互作用的介质和地点的因素，把社会风气和广告当做作用在每一个潜在购买者身上的平均效益 —— 实际上，以后我们会看到，这个叫做“平均场理论”：忽略相互作用的来源和个体差别，看做所有这些作用对你的作用的某种平均。现在，剩下的影响你决策的因素就只剩下周围的朋友的选择了。当然，实际上，以后我们还会看到，这些朋友们的影响也可以不区分来自于哪个朋友而看做某种平均。你的朋友的选择从两个方面影响你的决策：首先，你希望跟你的朋友一样，这样抱团取暖也能相互交流更好；其次，你可能相信你的朋友的决策是考虑过产品的质量的，于是你也认为如果他们选择某个手机越多这个手机的质量也就越好。这两个因素都起到使你更加从众的作用，尽管两者实际上有区别，并且前者仅仅局限在朋友圈之中，后者其实朋友圈之外的其他人也应该考虑。好，有了这个考虑，我们发现，我们相当于在平均场的基础上需要考虑每一个人的朋友圈的结构，并且有的时候不同朋友圈的人也可以通过传播来实现间接相互影响 ($A$ 直接影响在同一个朋友圈的 $B$，但是不能直接影响不在同一个朋友圈的 $C$，但是可以通过先影响 $B$ 从而影响 $C$，如果 $B$ 和 $C$ 属于同一个朋友圈的话)。在产品广告的设计和投放的单位看来，他们就需要把所有的潜在用户的朋友圈的结构都收集整理出来，然后考虑如何在这个朋友圈上设计一个好的广告策略。实际上，这个问题被称为“网络上的社会学习问题”[3]，不仅有学术价值，还有重要的商业价值。顺便，以后我们会提到的一个我们自己的工作[4]给这个模型提供了一个精确求解的方法，并对模型做了整理和推广。

在这里有几个因素是重要的：平均场或者外场来描述其他人的影响，网络的描述个体有差异的相互作用圈子，基于这个平均场加上网络的模型的计算分析方法，在计算中还可能需要考虑间接影响，同时这个问题牵涉到很多很多个体。更进一步，这样的受环境和邻居影响的模型可能同时也能描述很多其他现象，而这些现象可能来自于传统上不同的学科。更更进一步，求解这个模型的方式，尽管在不同的系统上可能还需要进一步调整，但是可能是具有一般性的。于是，这样的模型和方法，以及把这样的模型用于来自于不限定学科的问题的角度，就很难算到某个具体学科或者某个传统学科的交叉学科里面。在这个意义上，我们说需要一个叫做“系统科学”的学科。

下一个例子是森林科学的问题。中文的“木、林、森”告诉我们一大片树就可以看做森林。但是，森林科学家的研究告诉我们，单纯的一大片树不能构成森林，树木之间的相互作用才构成森林。不同的植物，甚至包含动物，生长在一起有什么整体的效果或者整体的问题，这些是森林科学和实际生活关心的问题。对于这个森林的场景，局部来说，我们可以把一颗大树和依赖与和帮助这个树的其他具有互生关系的动植物放在一起来考虑，还可以从平均场的角度来考虑局部环境条件下的森林火灾或者生长加速或抑制的问题。我们也可以考虑从局部到整体的问题——疾病或者害虫在大量的树之间的传播——这个问题就很像上一个需要考虑个体之间的相互影响的社会学习问题，不过我们在这个例子里面不再重复谈这一方面。最近，不列颠哥伦比亚大学的森林科学家 Simard 研究了森林中树和树之间的“对话”[5-7]。她发现，树和树之间通过根菌网络相连，并且这个链接能够作为物质和信息交流的通道，例如通过这个交流通道，“母树”能够向其他同种或者异种的树输送糖或者防御信号，并且在这个过程中还能够做到给自己的后代输送更多养分。因此，森林之所以构成森林，关键就在于能够实现树之间相互交流的根菌网络的存在。有了根菌网络，我们研究一个树木的生长、砍伐、病虫、生态地位等问题的时候，就需要考虑跟它相连的其他树对这棵树的影响以及这棵树对其他树的影响，更进一步还需要考虑周围的树及其邻居之间的相互影响。于是，一个目标对象的问题转化成了一个需要从整体的角度来考虑的问题。甚至，Simard 就在研究中明确地提出来了这里面有例如间接影响、社团结构、层次结构等复杂系统的一般性问题 [5−7]。

于是，森林科学家有可能需要突破传统的森林科学的分析计算方法来研究这个问题，而且在这个突破中，我们同样很容易看到上一个问题中强调出来的几点：个体之间的相互影响，以及网络的描述方式，还有网络上具有整体性的具有间接效益的分析方法。

类似地，Google 的 PageRank 算法[8] 对网页的排名实际上也考虑了类似的因素：一个网页被很多网页引用就说明这个网页重要，并且如果引用它的网页自己也很重要，那么这个网页就会更重要。另外一个例子是我们后面会详细介绍的汉字之间的结构与读音含义上的联系，以及基于这个联系对汉字学习顺序和检测顺序的讨论 [9]。在那里，我们首先建立汉字之间相互联系的网络①，然后从整体的角度对优化学习顺序和检测算法做了讨论。在这个问题中，我们同样也注意到以下几点：大量的个体、个体之间的相互作用的描述和具有整体性和间接效益的分析方法，以及没有特定领域限制的研究对象。

因此，系统科学不仅仅是交叉科学，而且是具有某种特定的共性的交叉科学：没有特定领域限制的研究对象，包含大量个体的系统，个体之间存在相互作用，所讨论的问题需要考虑这些相互作用，讨论这些问题的方法也有可能具有一些共性——例如整体性、间接联系、网络的描述方法。将来我们还会看到，不仅分析方法，分析的结果或者系统的行为、系统的组织方式演化方式都可能有共性。

系统科学的基本研究目标有两个层面。第一，如何处理在各种各样的系统之中的多个个体之间的相互作用，讨论其对系统的性质和功能的影响；第二，如何把对一种系统的研究方法抽象出来应用于更多的系统。两者都是方法论层次的目标，前者比后者稍微具体一些。如果我们把相互作用局限在四种基本相互作用 (引力、电磁、强、弱) 的框架内，那么我们讨论的就是统计物理学与场论的基本对象和目标。系统科学可以包含更广义的相互作用，如人群之间的意见形成与传播，其相互作用形式就不能直接还原成为四种基本相互作用。沿着这个思路。在每一个层次，

① 实际上，这样来理解汉字的方式被称为系联法。首先被陈沣提出来 [10]，后来经过章太炎 [11] 发扬光大，并成为章黄学派汉字研究和教学的核心思想 [12]。

有这个层次自己的相互作用，这种形式的相互作用如何从更底层更基本的相互作用中涌现出来，也是系统科学研究的一个研究对象。后者其实是所有的自然科学(以及部分社会科学) 的研究目标：想办法处理一个系统，接着抽象一般概念与方法来处理更多的系统。那么为什么要把这个很多其他科学的目标单独提出来作为系统科学的一个有特点的研究目标呢？在这里我们强调，系统科学的研究对象可以来自于任何一个传统学科，没有领域上的限制，只要这些系统具有前面提到的系统性特征，于是研究方法自然也就会具有系统性。这一点也导致系统科学更像数学 (不过我们强调，系统科学必须从具体系统中来到具体系统中去，于是更加接近科学)。例如相变与临界现象原来是来自于物理学 (尤其是统计物理学) 的研究对象，后来人们发现在地理学、生态学、社会学甚至神经科学中都大量存在着多个体组成的系统整体状态出现定性变化，也就是相变这样的现象，因此从物理学发展起来的临界现象的研究方法 (例如序参量、对称破缺、相变点附近的关联函数 (Green 函数) 分析、重正化群理论、Monte Carlo 方法) 自然也就在以上这些学科的相应研究中得到了应用。因此，由于这个一般方法的寻找在系统科学中处于非常中心的地位，我们特意把它提出来作为系统科学的研究目标。

## ■ 系统科学的还原论和整体论

很多传统学科的分析都是沿着不断深入、不断细分的还原论的思想来开展的。例如，我们如果尝到了某个东西的味道，就自然会去问，是这个东西里面的什么物质 (分子) 和我们身体的什么部分的结合产生了这个味道，为什么是这个味道，以及这个分子里面的什么部分 (离子、官能团) 还是这个分子的整体决定了这样的味道，这个离子或者官能团如何和其他的部分结合形成新的分子是否还有这个味道，如果这个味道还有的话，到底是这个离子或者官能团的什么属性 (这个问题牵涉到这个离子或者官能团的内部结构) 决定了这个味道等这样的问题。你看我们从一个可能包含很多种物质的东西，一路追问到了离子或者官能团的子结构。如果我们接着问为什么会形成这样的离子或者官能团，实际上，我们就到了原子和核外电子层次的问题。我们甚至还可以深入到比原子更小的层次上去。另外，沿着身体我们也可以类似地一步一步深入，例如，身体的哪一个部分反应出来了味觉，反应的机制是什么，产生的信号如何通过神经回路传送到我们的处理中心，并且把这个信号解释成为味道的，等等。这样一个分析思路是很自然的，也是非常成功的。但是，物理学以及其他科学发展到一定程度之后发现：第一，微观机制不同的系统可以用类似的分析方法来研究，并且这些系统在某些行为上展现出来相似性；第二，很多时候，从微观上完全清楚的个体，由于个体之间相互作用的存在，得到这样的个体所构成的整体的行为不是一个简单的问题，如果个体的数量比较多的话。于是，整体行为有相似性、有涌现性—— 不同的微观机制导致类似的行为和分析方法，以及从微观到整体是一个非平庸的问题。这两点就成了整体论的核心思想。注意到这个问题之后，还原论和整体论就应该是两个相辅相成的思想，是一个问题的两个方面。

系统科学就是在突破边界的学科交叉融合越来越普遍，面对的有多个具有相互作用的个体构成的系统的行为问题和分析方法上可能有共性，整体论和还原论同样重要，这样一个背景下面提出和发展起来的。但是，系统科学还不是一个非常成熟的学科，这意味着概念体系尚未完备，概念之间也还没有达到数学、物理学等领域的紧密关联的程度。不过，系统科学这个领域确实已经形成一些有自身特点的概念、研究方法和研究对象。因此，编撰本书的指导思想是通过具体的理论研究工作以及少量的应用性实例来反映这个学科的概念、方法和对象。后者通常作为对前者的观察、评论和总结来体现，同时也是前者的顺序安排和选择上的隐藏线索。

同时，一个不是非常成熟的学科还决定了这个学科里概念与方法还没有完全压倒思想和思辨。在本书中，我们尽量把思想思辨与概念方法区分开来，重点放在后者。尽管思想和思辨是很重要的，但是我们采取的方式是：只有当思想和思辨对于理解概念和方法有非常大好处的时候，我们才介绍一下思想和思辨。系统科学基本的思想源流有几个方面，在合适的地方在具体的例子中，我们会做进一步的阐述：系统的演化与结构的产生 (与经典热力学图景的矛盾)、整体运动与激发模式、临界行为与普适性、网络科学与一般的相互作用。我们会尽量把思想和思辨层次的内容与具体的例子结合，最好能够通过计算体现出来。所有的这些思想有一个共同点就是探讨复杂现象背后的机制，这样的机制有可能是简单的，同时把各种研究方法系统化，形成相互协调的理论体系。借用 Anderson[13] 和 Kadanoff[14] 的两句话来表达就是：More is different(多了就不一样), more is the same(多了其实一样)。多个个体通过相互作用形成整体运动的复杂的模式和行为，这样的整体运动甚至有可能独立于原始的系统，同时系统科学的研究方法追求用一般的普适的分析方法来研究各种多个个体相互作用的系统。对于对思想和思辨的兴趣大过概念、方法和计算的读者，可能更加适合阅读本书的前半部分 —— 那里，采用了更简单的例子，忽略了很多有意义的细节，尽管我们强烈推荐这样的读者也熟悉一下后半部分里具体例子的分析计算。在具体例子之中，我们可以很容易地理解系统性思考的角度、整体性思考的角度是什么，当离开具体例子的时候，我们就很难做一般的讨论。因此，我们在这里再一次强调，系统科学的基本思想的理解和学习不能离开具体研究工作的例子。这样一门学科的探索者必须与街头卖药的区别开来，完全兜售思想和思辨就会沦为伪科学，至少是被严肃的科学家鄙视的学科。

另外，在这里我们希望对系统科学与系统工程做一个区分。系统科学主要是基础性的科学研究，同时也做一些应用性研究，系统工程则是利用来自于数学、物理学、系统科学的概念与方法解决实际工程与管理领域的问题，是应用性研究甚至直接就是应用。控制论、运筹学等属于系统工程的基础性学科，但是属于系统科学的应用性学科，或者说应用数学学科。当然，这样的应用性学科本身也存在着基础研究的问题，而这部分问题实际上可以看做系统科学的范畴。但是，由于考虑到系统工程的书籍和体系已经比较多，并且学科基本问题已经差不多解决，大部分是应用性研究或者应用，就不再纳入到本书的框架里面了。

## ■ 系统科学和数学、物理学的关系

为了讨论系统科学和数学的关系，我们先来讨论科学和数学的关系。为了讨论科学和数学的关系，我们用物理学这个科学的重要代表当例子来讨论。那么，物理学和数学到底是什么关系呢?

首先，物理学的概念和定律的表现形式肯定是数学。例如位置这个物理概念是三维欧氏空间的矢量，如果加上时间，则是四维空间的点。不过这个时候，按照物理现象的表现以及背后的物理定律可以确定实际上是四维度量空间的点，可以存在一般的度规 —— 也就是空间距离不一定符合欧氏空间的平方和再开方的形式，而是可以更加一般，例如 Minkowski 空间的“空间部分取平方和然后减去时间部分的平方再开方”的形式，以及更加一般的弯曲时空的形式。例如，运动状态的改变由受力决定这个物理定律 ——Newton 运动定律，就可以表现为 $\vec{F}=m\ddot{\vec{r}}$。

于是，接着把具体问题转化成物理问题之后，用上物理定律，就变成了数学问题的求解，因此也是数学。甚至，我们说这成了应用数学或者计算机科学的问题。

其次，物理学的思维过程中，有很大一部分是逻辑演绎，这也是数学。例如，从方程的某个形式推导出来另一个等价的形式 ——Newton 方程和Lagrangian 方程、Hamiltonian 方程的相互推导就是这样，热力学和统计物理学不同势函数下基本热力学量和相应的方程的推导。

物理学理论的研究结果是数学，问题的求解是数学，一大重要思维过程是数学，那么，哪里是物理呢？是不是物理都是数学呢？其实，有很少一部分的数学家和物理学家就是这样看的。但是，实际并非如此。物理学很数学，但不是数学，就算理论物理学也不是数学。为什么这样说呢？

第一，物理学是科学。科学就需要把理论模型的计算结果和实际观测相比较，能够通过这个比较的才是合理的能够留下来的理论模型。因此，科学和数学最大的不同是正确与否的标准不同：科学需要和实际观测相比较，数学只需要理论体系本身的内部逻辑没有矛盾。当然，有意思的事情是，就算这样，很多时候数学家从逻辑思辨提出来的概念，会在物理的实际系统上发现对应的应用。这个有可能是巧合，也有可能是从根本上说，数学家在研究数学的时候还是受到数学家的生活经验的启发，也因此隐含了实际世界的元素在数学里面。

第二，当物理学决定用什么样的数学结构来描述实际对象的时候，物理学的典型思维方式是起到很大作用的。当然，这个时候最基本的思维方式是数学和科学通用的批判性思维和系联性思考。但是，除此之外，物理学还强调分析和综合的结合，或者说还原论和整体论的结合。也就是前面提到的把研究对象不断地细分下去直到完全相同的结构，以及把这些相同的结构按照不同的方式组合起来重新得到每一个层次的具体系统的梦想。在物理学里面，这个梦想甚至有一个名字 ——“大统一理论”：所有的基本结构和这些基本结构之间的相互作用都完全一样，世界的丰富多彩完全就是不同的组合方式决定的。当然，物理学还有别的典型思维方式和典型分析方法。再举一个例子：最小作用量原理 —— 物理学把一个系统表达成这个系统的元素和相互作用构成的一个作用量，然后通过让作用量取极值或者采用作用量的复指数函数形式的振幅叠加，可以得到所有的经典和量子系统的力学理论。这样一个分析方法本身也不是数学，尽管一旦有了作用量之后推导出来理论的那个过程体现为数学。

第三，物理学还有一个特殊之处：它是有关具体领域的系统知识的学科，同时，也是研究方法的学科。前者包含“热学”“电学和磁学”“声学”“光学”“电动力学”“相对论”，后者包含“统计力学”。“经典力学”和“量子力学”处在两者之间，可以看做属于具体系统的知识层面，也可以看做是研究方法的层面。尤其是“统计力学”，它没有特定的研究对象，传统上只要是多粒子系统通过物理的力，甚至假想的力，联系起来的系统，当我们关心从粒子的个体行为到粒子的整体宏观表现的问题的时候，都是统计力学发挥威力的时候。其中的相变等概念甚至在社会经济系统中都具有一定的描述能力。这些具体系统的知识是不在数学的范畴之内的，尽管也往往体现为数学的形式。这些具有实际问题背景的一般的研究方法也是不在数学的范畴之内的。

有了这个物理和数学的关系的铺垫，这个时候，我们来看看系统科学和数学的关系。

首先，系统科学的研究对象不在传统学科的某个领域内，因此，领域内知识就不再是系统科学的核心内涵。当然，具有系统特点 (跨传统学科、多个体、相互作用、从直接到间接联系、关心整体性问题、整体行为可能和个体行为不完全一样 —— 也就是涌现性) 的系统是系统科学的研究对象。是不是这样的系统也会存在一般的知识呢？现在还不知道，需要等到将来学科更加成熟的时候再来总结。但是，至少现在我们有这样的系统的典型思维方式和典型分析方法，而且这个世界到处都是这样的系统 —— 不能很好地放到某一个传统学科之内来解决的，或者可以用其他学科的思维方式和分析方法来解决得更好的问题。因此，我们需要有系统科学。而且，这样的典型思维方式和典型分析方法不是数学，尽管在任何一个具体系统上，这样的方式和方法得到的结果 —— 问题的解答和理论模型的表现形式，可能还是数学，就像物理学一样。从这个意义上说，运筹学、控制论、信息论、非线性动力学、随机微分方程都不是系统科学，而是系统科学在某些具体问题上的研究得到的结果的表现形式。在建立这些专门的理论之前，从具体问题中提炼出来这些数学的过程，大概可以看做是系统科学，如果这样的具体系统确实具有前面提到的系统性特征的话。或者，甚至在这些理论建立之后，如果仍然有这样的具有系统性的具体系统的问题，需要发展这些理论来解决的话，也可以算是系统科学。那么，我们现在来问，运筹学、控制论、信息论、非线性动力学、随机微分方程，是处在建立之前的那个阶段，还是建立之后，或是需要从具有系统性的具体系统中发展理论的阶段呢？后者有一点点，但是，也仅仅是一点点。绝大多数时候，仅仅是把成形的这些理论用在具体系统上而已。那么，这个时候就称为“应用数学”更加合适，而不是系统科学。

等等，这样我就把很多系统科学教材的核心部分：运筹学、控制论、信息论、非线性动力学、随机微分方程扔掉了，仅仅当做历史研究提到一下，那我准备讲什么？先把这个问题留下来。让我们先回到系统科学和数学的关系。

既然扔掉了系统科学的具体学科知识的内涵，那么，剩下的就只能是研究方法层面的共性规律了。这就好像是把物理学的声光电磁热相对论都扔掉，留下来统计力学和一部分的经典力学以及量子力学。当然，这个时候，由于有系统科学的典型思维方式、典型分析方法支撑着，尽管我们还不是很明确这些东西是什么，但是，肯定不全是数学。就好像统计物理学也不完全是数学一样。决定什么样的具体系统用什么样的数学结构来描述，永远是不在数学的范畴之内的，尽管再一次强调，很可能描述完了就成了数学方程和数学计算。

也就是说，在系统科学和数学的关系上，前面提到的物理学的三条，除了第三条中具体领域的知识之外，系统科学都保留了物理学也就是科学的特征。因此，系统科学也不用害怕就成了数学，只要坚持面对实际系统，从具体系统中来到具体系统中去，那么，系统科学就永远是科学而不是数学。

## ■ 系统科学的典型分析方法

现在，我们回到前面留下来的问题，把运筹学、控制论、信息论、非线性动力学、随机微分方程仅仅当做历史和案例而不是核心理论之后，系统科学讲什么？

当然，第一部分，系统科学的研究对象具有系统性，系统科学具有一些有系统性的典型思维方式 (没有特定领域限制，包含大量的个体，个体之间存在相互作用，研究问题具有整体性，从直接到间接联系的分析计算方法，网络的描述，甚至将来在系统的行为、系统的组织方式演化等方面可能的共性)，也就是，这些肯定是系统科学的核心。但是，这部分尽管我们会采用以具体研究案例为基础的方式来呈现，还是偏思想偏哲学。那么，有没有更加具体的在系统科学的典型分析方法层面上的核心内涵呢？因此，除了前面这个研究对象的系统性和典型思维方式的系统性是本书的核心内涵之外，我还尝试着提炼了其他的一些研究方法层面的核心内涵。

例如，系统图示法和概念地图、用于一般系统的相变和临界现象、网络分析、广义投入产出分析等。当然，我不认为这些是最具有代表性的，更加不是穷尽的。但是，我希望把这些东西抛出来之后，后续有更多的人来做类似的提炼和总结。

大概来说，系统图示法和概念地图就是把一个系统内部的元素和元素之间关系搞清楚并且用图形的形式呈现出来。很多时候，这样一个对系统的整理和呈现，就能够告诉我们很多关于这个系统的信息，解决很多关于这个系统的问题，并且成为进一步分析计算的基础。用于一般系统的相变和临界现象就是把平均场理论、关联函数、相变和临界点等概念和分析方法提炼出来，尽量能够适用更多的具体系统，例如社会经济系统。网络分析和广义投入产出分析是实现从直接到间接的分析计算的工具，也是描述复杂系统的基本框架。

系统科学肯定还有其他的典型分析方法，甚至典型分析结果，期待更多研究者的总结。这部分是抛砖的作用，引来更多的砖，或者玉，都算是成功。

## ■ 本教材的目的和定位

作为教材，尤其是旨在促进一个学科的发展的教材，应该尽可能地来回答这个领域独立成为一个学科的理由是什么，研究对象的共同特点是什么，最基本的概念、方法与核心公式是什么。这也是本书的任务。但是，我们没有把握来回答好这个问题。在这里我们仅仅来抛一块砖。通过本书的例子，多大程度上我们能够回答这个问题，多大程度上我们能够按照这个思路来回答这个问题，只能够留待本书使用者的检验了。

由于前面提到的本学科基本概念与方法之间的联系以及方法和思想之间的联系的紧密和一致性程度还不高，我们又希望通过本书能够给出一个比较清晰的系统科学的图像，我们在本书中尝试使用了一个比较新的学习技术：概念地图。概念地图就是把概念与概念之间的连接画成一张图，用来整理制作者的思路，指引学习者对概念的理解。

本书的逻辑体系、内容选取、呈现方式都仅仅是一个尝试，而且是与通常的教材不那么一样的一个尝试。我们希望本书具体内容发挥一定作用的同时，也希望它尽早地被逻辑体系和具体内容都更好的书取代。这样才能表明本学科的成熟度得到了提高，学科取得了发展。另一方面，我们也希望本书的编撰原则和特点，它们是内容来自于研究论文、大量来自于研究课题的习题、学习方法方面一定的考虑、技术和概念并重压缩对思想的讨论，得到延续。因此，本书编写过程中尽量遵循如下的原则，尽管不一定做到了。

本书的特点或者说编写原则：

1. 来自于研究论文的例子，每一个例子都有一个目的，传达一个信息。
2. 围绕学科大图景展开。
3. 简约内容，仅保留最核心的概念以及掌握这些概念必须的基础概念与分析计算技术。
4. 例子、概念、逻辑框架、动机、计算分析技术，这几个方面先分开再结合的处理方式。
5. 概念地图学习方法和思维方式 —— 系联性思考和批判性思维 —— 的应用：通过概念之间的联系来学习概念，以及概念背后的动机。
6. 通过例子来讲解基本概念，逻辑框架和举例并重。
7. 系统理论的概念与方法和数学物理基础先分开再结合的处理方式。
8. 每一章的引言部分交代这一章的主要思想、主要学习任务、核心概念和技术、推荐阅读材料。
9. 包含一定量的例题、习题和实际问题，训练读者从实际问题提炼抽象概念模型的能力。

本书也是我们在建设的“教的更少，学得更多 (Teach Less, Learn More)”的以概念地图为基础的理解型学习系统的一个例子。在各个章节具体学科的内容选择上，我们企图选择最核心的和最基础的。我们希望做到学习这些基础与核心的东西之后，读者可以独立地进一步学习，同时看到这个学科的现状、未来以及应用，看到这个学科的大图景 —— 典型对象、问题、思维方式、分析方法、和世界以及其他学科的关系。为了达成这个目的，实际上，每一门课程我们都准备了这门课程的概念地图，然后综合考虑这些个课程的概念地图组合而成的大的概念地图来决定内容的取舍。取舍的原则是，每一门课程我们都会非常明确地写下思想上、概念上、分析方法上的目标，然后按照这个目标来选择尽可能少的能够促进学生理解这个学科是什么的具体例子来阐述，同时在选择例子的时候考虑培养和激发学生对这个学科的情感的因素。我们当然希望我们的选择是合理的，但是更希望其他人看得见我们利用概念地图来依照明确的学习目标选择这些核心和基础内容的方法的合理性，并加以发展和应用。对于这些确定为课程学习目标的东西，我们还会进一步追问为什么，也就是“教什么，为什么；学什么，为什么”的问题。然后才是考虑“怎么教，怎么学”的问题。更多的关于“教的更少，学得更多 (Teach Less, Learn More)”的讨论请参阅吴金闪的著作《教的更少，学得更多》[15]。

另一方面，我们也看到，这样的比较简约地集中在核心内容上的学习方式对于想真正掌握这些学科的学生来说是不够的。一定程度上的重复劳动对于掌握内容来说是必须的，但我们提供的练习题和例题的数量是远远不够的。如果读者想进一步掌握好这些内容，我们建议从其他教材中选择一定数量的习题来完成。如果有机会，我将来也会给每一个这样的具体学科出版一本相同风格 (简约和注重核心，保证理解核心部分的最低要求的基础，尽量让学习者明白每一个概念每一个定理的动机，注重概念与概念之间的联系，体现概念地图的学习方法，包含导论、习题、例题而且导论、习题和例题有一大部分直接来自于研究论文) 但是更详细的教材：包含的核心内容稍微多一点点，解释和计算的细节增加一点点，包含的习题的数量多很多很多。

阅读本书的读者，数学方面最好有微积分、线性代数、概率论的基础，了解一点近世代数会很有帮助；物理学方面最好有力学 (至少高中阶段的 Newton 力学) 的基础，了解统计物理学、量子力学也会提高对内容的理解；计算机方面最好有一门语言的编程基础，如果有 Linux 使用基础和对科学计算的初步了解也会有帮助；系统科学方面最好什么都不会，尤其是不能看过很多系统科学的哲学书籍。在实际上课过程中，由于有反馈的存在，这些必要基础的问题都可以解决：大部分内容是自足的，如果学生的理解力和悟性足够好，都可以明白。少部分内容必要的时候可以上课补充或者课后自己阅读相关材料。但是，由于本书对思考问题的深入程度要求非常高，在此，我们还是想指出来，这本书不是写给所有人看的，很多人不适合看这本书，很多人第一遍看这本书的话，我们保证是看不太懂的。但是，我们相信，就算你不是最合适的读者，就算很多地方没有看懂，看了这本书之后也会有很大的收获，尤其是如果能够坚持多看上几遍。例如，每一章的引言都是这一章的基本思想的总结，对于初次学习这一章内容的读者，这些总结都是天书，但是如果是看第二遍以及以上的读者，可能就会有更好的体会。如果你看了本书之后，有体会、有感想、有意见、有建议，我们都希望能够到这本书的网站① 以及“系统科学

① http://www.systemsci.org/jinshanw/books，2018 年 2 月 1 日访问。

导引 MOOC 课程②”来参加讨论。同时，我们也尽力做到这本书的电子版本会在自己的网站③上免费提供。

本书有一个整体内容的概念地图，还有概念地图的解说和阅读指引。我们建议读者通过对比概念地图和正文的内容来熟悉概念地图，熟悉之后，自己来制作章节的概念地图，这样会有更好的学习效果。如果需要学习概念地图和理解型学习，可以参考吴金闪的《教的更少，学得更多》[15]。

最后，希望这个非同一般的前言确实能够帮助你了解系统科学并决定是否继续阅读本书。

② http://study.163.com/course/introduction/1004570034.htm，2018 年 2 月 1 日访问。
③ http://www.systemsci.org/jinshanw/books，2018 年 2 月 1 日访问。

# 目　　录

## 第 I 卷　系统科学概论

## 第 II 卷 系统科学的数学物理基础

## 第 III 卷　系统科学的基本理论

1

第一章

# 引言：系统科学与科学

这一章我们企图给系统科学做一个定位，讨论其典型研究对象、典型问题、典型思维方式、典型分析方法，和世界以及其他学科的关系。一个学科的这五个方面合起来我称为这个学科的“学科大图景”。然后，我们会用整本书的例子来让大家进一步体会我们对这个学科的这样一个定位。

引言中的很多部分都会在后面的章节中展开阐述，其中我们也会提到很多的应用性研究的例子。实际上，所有的应用性研究的例子，我们都可以把它们放到导言里面来，起到开阔大家眼界的作用。有些例子我们选择放到具体章节中，有可能是它们在技术细节和细节概念上要求更多，不太适宜放在读者学习各个章节的具体概念和技术之前来做一般的讨论。这个基本上就是导言部分的例子和其他章节内部的例子的唯一的区别。所以，从这个意义上说，引言部分就是本书的主题思想所在，本书的核心就是引言部分。当然，不理解后续章节，有可能很难真正理解引言部分。我们推荐本书的读者在浏览完本书之后，来决定怎么看；我们也鼓励看完整本书的读者回过头来，再来看一遍引言部分；读者们也可以把本书的引言部分当做系统科学的普及读物，仅仅阅读本章，然后在后续章节中选择少量合适的例子做进一步的了解。

另外，在前言中我已经提到，整本书是具有内部自相似性的：本书的后面的部分可以看做是引言的展开，引言可以看做前言的展开，每一个例子的阐述方式也是学科大图景的一个侧面的展示。我希望读者可以多做这些有联系的思考，甚至通过多次反复来欣赏这个内部自相似性。

## ■ 1.1　抛一块砖：系统科学的思想、目标和定位

任何一门学科，要成熟就必须有自己的研究对象，自己这个学科的目的，核心的概念和分析方法。我们已经提到系统科学还没有成熟到能够把这些内容成体系地整理出来。在这里，我们尝试对这些问题给一个答案，不求精确，不求永恒，但求对这个学科的成熟有一定促进作用。我们认为所谓系统科学，就是把来自于属于具体科学领域(例如物理学、化学、生物学、信息科学、计算机科学等) 的思想和方法抽象和提炼出来——通常这个抽象和提炼的结果是一个数学结构，然后把这些思想和方法应用于更加广泛的其他领域的问题的研究。也就是说，系统科学是一个来自于具体系统，同时以具体系统为最终的研究对象，但是其基本理论又不在具

体系统的层次上的科学。这个定位使得这个学科非常像数学。但是，两者不是完全一样：数学，尽管本质上也来自于现实世界，只要逻辑上自洽是可以不接受实践的检验的①系统科学是科学，而科学最重要的特征是来源于现实世界，并接受实践的检验。因此，哲学的以及完全从心智来构造的系统科学的理论是不存在的。当然，倒过来，系统科学的哲学思考，当系统科学本身已经比较明确的时候，是可以存在的。

因此，我们把什么是系统科学以及系统科学的基本任务和研究对象、目标总结为下面的列表。

**科学性**：批判性思维，用数学结构描述现实世界，从现实世界提炼数学结构，并通过实验和实践来检验两者的关系

**系统性**：系联性思考，融合和跨越学科领域来解决问题、发展科学，促进思维方式、分析方法、概念甚至问题的迁移和创新

- **典型研究对象**：包含多个个体、个体之间存在相互作用相互联系、没有具体领域的限制
- **典型研究问题**：从整体的层面来关心系统的行为
- **典型思维方式**：整体视角和还原视角的融合 —— 从系统内部元素以及元素之间的关系开始，从孤立到有联系，从直接联系到间接联系，从个体到整体的角度来研究问题
- **典型分析方法**：科学研究方法 (观察、猜想、抽象化模型化、数学化、实验和实践检验)，网络科学以及其他对相互作用的计算分析方法 (系统图示法、广义投入产出分析)，涌现与相变 (集体行为、临界性和自组织临界、动力学系统的相变 —— 定态、分支)
- **和世界以及其他学科的关系**：从具体系统中来，提炼一般概念与方法，到其他具体系统中去，促进对具体问题的理解和解决，促进其他学科的发展

其中“整体视角和还原视角的融合”这一条，在本书中有的时候也称作系联性思考。当然，通用的科学思维：批判性思维、实际系统和理论模型之间的的可验证或者至少可证伪但是迄今没有被证伪的这个关系，毫无疑问也是系统科学的核心思维方式。在典型分析方法上，还可以列进去一些更通用的分析，例如统计分析、用随

① 关于数学与现实世界的关系，可以阅读Gowers的 *Mathematics: A Very Short Introduction*[16]。

机过程建模、计算机数值计算和数值模拟等等。但是，正是由于其通用性一般性，就不再列在这里当做系统科学的特点了。可以看到系统科学天生具有交叉学科性。因此，很多学科的研究者开始找系统科学的研究者合作。这当然是很好的事情。但是，要注意，系统科学的研究者第一具有有限的具体领域的知识，第二只能够研究具有前面提到的系统性特征的系统和只会这样的具有系统性的思维方式和研究方法。

在系统科学的目标，也就是和世界以及其他学科的关系，这一点上，Mobus 和 Kalton 的*Principles of Systems Science*(《系统科学原理》)[17] 一书有比较好的论述。在他们的书里面最简洁的总结是“is about understanding”(就是关于理解的事情)。什么是理解？理解就是不断地追问为什么，而且要冲着系统内部的元素之间的关系去问为什么。这样的为什么通常会自动跨过领域的鸿沟，要求你从对一个元素的理解跑到对另外一个元素的理解，要求你从一个子系统看到另外一个子系统，还能够不迷失在大量的子系统的树木之中，还看到森林，看到对你一开始关心的整体问题的理解的促进。见树木又见森林，这是对系统科学目标是“促进理解”的另一个比较好的表述。在 Mobus 和 Kalton 的*Principles of Systems Science* (《系统科学原理》)[17]，Senge 的*The Fifth Discipline: The Art & Practice of The Learning Organization*[18]，Sherwood 的*Seeing the Forest for The Trees: A Manager's Guide to Applying Systems Thinking*[19]，Boardman 和 Sauser 的*Systemic Thinking: Building Maps for Worlds of Systems*[20] 都有类似的表述。甚至它就是 Sherwood 书 [19] 的标题。我自己还特别喜欢下面这句话：系统科学洞彻联系 (Systems Science: See Through Connections)。我把它当做了我邮件的签名。它表示了下面三重意思：通过联系来看清楚系统的元素和整体，通过了解系统看清楚这个系统和其他系统的联系，通过把世界看做联系来建立一个理想模型从而洞彻这个世界 (的某个方面)。

尽管有了前面我提到的这基本讲什么是系统科学的书，还有本书，但是，系统科学还远远不是一个成熟的学科。因此，我想再强调一遍，本书对什么是系统科学的总结仅仅是一个尝试，一块引玉的砖。实际上，这就是本书对系统科学的认识。在后面的章节中，我们将用大量的例子来促进大家理解对系统科学的这个认识。

## ■ 1.2　整体论和还原论、相互作用

有的关于系统科学的书籍，大部分是科普书和哲学书，非常强调系统科学“整

体大于部分之和”,“$1+1>2$”的特点，进而批判还原论，高度赞扬整体论。有的甚至认为整体论才是科学的未来。我要说的是，没有还原的整体是空的假的整体，还原和整体思维两者必须结合。这也就是通常所说的分析与综合的结合。

我举一个简单的例子，来说明什么是还原论。例如你电脑坏了，你怎么办？最简单的办法是换一台，主机和显示器一起换。采取这个方案的人大概不用懂得电脑的知识。如果想节省一点点成本，科学和还原论可以帮你忙。大概来说，稍微懂得一点点科学思考方式的话，你就可以识别出来那部分坏了：找到另一台能用的大概型号相同的电脑 (假设我们找得到这样的电脑。要是找不到，以下的思想还是适用的就是需要你懂一点电脑模块型号的知识)，按照模块，替换一下。例如，更换显示器，看看是不是可以用了。以下假设一个毛病，多个毛病同时出现的情形先不讨论。如果还是不能用，表现一样，就按照模块，替换下一个，例如内存条。如果还不行，复杂一点，显卡、硬盘、主板等等。也就是把能够拆下来模块都试试。知道哪里出问题了，就去更换哪一个模块。当然，如果你懂得电脑，其实，能够从症状直接了解大概哪一个模块的毛病。但是，只要懂得还原论——去考查一个系统的下一个层次的模块 (或者叫做单元，子系统)——和基本的科学思维——这里也就是“换一个好的来对比”的逻辑和“做实验”的方法，那么你就可以用更低的成本来修好的电脑。实际上，我们还可以把这个按照模块来做替换实验的方法用到下一个层次：例如，如果问题出在主板身上 (例如，替换型号一致的主板之后，电脑可以运行了)，则我们可以直接替换整个主板，或者再来考虑主板上的显卡、声卡、网卡还是主板本身，甚至更进一步，考虑主板本身的电容的问题还是 CMOS 电池的问题，而不需要更换整个主板。从这个例子，你已经看见，还原论的思想，是一个多么自然的解决问题、认识世界的方式。不遵循还原论的科学是不存在的。从这个例子，我们还看见了，可以在不同的层次，逐层递进的方式，来运用还原论。

既然有逐层递进的问题，那么，自然也就有了整体论的问题。实际上，每一个层次的功能模块，都是一个“整体”——我们可以在一定程度忽略这个模块的内部细节而仅仅关注这个层次的整体提供的功能这个整体如何跟其他的子系统联系起来。没有整体的科学，那将是人类完全不可能理解的科学。很多时候，我们需要把一个系统看做一个单元，而不需要考虑其下层细节。这样当考虑这个系统的上层结构的时候，更加方便。因此，还原论和整体论完全没有冲突，完全是相辅相成的。经常说物理学是还原论的科学，为了认识世界，竟然要去认识比原子还小，比原子核还小的东西。可是，你没有注意到的是，物理学关心的这样的问题，实际上和宇宙的起源、碎了的鸡蛋不会自己恢复成好的鸡蛋、光为什么会有不同的颜色甚至形成激光——一种光的协调模式，这样的问题是息息相关的。物理学一直知道，了解粒子物理，仅仅是一个步骤，为了回答物态物性、宇宙的过去现在和未来等问题，总要考虑把各个基本单元重新合起来会怎样，这样的问题的。因此，整体论提供的是这样一个视角：不要认为不断地拆分就能够解决问题，有的时候从已经了解的各个部分再一次合起来不是一件平庸的事情。例如，将来我们会看到，有的独特的在个体的层次不会出现的现象会在整体的层次涌现出来，而且一般来说这样的“再次合起来”的分析计算技术不是那么简单。

我记得小的时候，修理自行车的师傅，给补胎、修飞轮里面的钢珠。现在的师傅经常是换胎、换飞轮。当然，根本原因是经济发展了，导致人工成本提高。不过，我们也注意到，实际上就是以前的师傅和现在的师傅都懂得还原论和整体论——你看没让你直接换自行车，只不过以前的师傅做到了拆分第二层——虽然他不会一直拆分下去给你用原子物理方法来修一修钢珠然后再放回去，而现在的师傅就停留在只拆分一层。造成这个差别不是说还原层次多少的好坏，而是社会和科学发展阶段等外界条件的不同。那为什么师傅也是懂得整体论的呢？他明白当把各个组建中心组合起来的时候，整体上起到的是另一个各个部分自己并不具有的功能，而且有可能某些结合的部位结构的方式需要得到特殊的照顾，才能使得整体功能更好。因此，修车师傅们是懂得还原论、整体论，懂得相互作用 (结合) 的重要性的人。

这个问题的另一个侧面，就是了解了各个下一个层次的单元之后，并不表示了解了整体。例如，一堆没有组装成为电脑和自行车的元件，不等于电脑和自行车。这些元件，通过相互作用——在这里这个“相互作用”就是什么地方与什么元件采用什么方式结合——结合起来之后实际上各个部分之间一般还会存在力的相互作用甚至物质或者信息的交流，整合起来之后，形成了其各个部分都不具有的整体的功能。这个就是整体大于部分之和。学习过物理学的人都知道，如果一个系统里面有两个以上的单元，而且这些单元存在相互作用，那么，其能量就绝对不是两者之和，还存在着一个相互作用项。这个就是“整体大于部分之和”的含义。非常的平庸。只不过，在系统科学里面，除了能量，我们还关心其他的东西，例如功能。这个更加广义的关注点，使得整体大于部分之和，显得更加有意义一些。不过，也是仅此而已，整体不等于部分之和在这个意义上说是一件很自然的事情——只要各个部分之间不独立有相互作用。

一句话：还原论是一个自然的认识系统的方式。认知系统的各个层次的单元的同时，需要注意这些单元依赖相互作用合成一个上一个层次的单元的整体性问题。

在上面的讨论中，我们潜藏着另一个主题——“相互作用”。如果一个电脑的各个元器件之间没有通过具体明确独特的相互作用合在一起，仅仅是简单地“堆”在一起，那么，它们不构成电脑 (因此，组装电脑在 20 世纪 90 年代还是一个技术活，能赚钱养家的)。同样地，这些元器件也是由它们的元器件通过具体明确独特的相互作用合在一起而得到的。甚至，你继续沿着这个思路走下去，就会发现，如果所有的基本粒子都一样的话 (现在的物理学离这个“都一样”的假设还有距离，但是不远了，至少日常所见的材料，其属性基本上就是电子、质子、中子、光子这几样东西决定的)，物质之间的不同也就是组合方式——也就是相互作用——的不同的结果。于是，你发现，相互作用不仅仅决定了单元构成怎样的系统，决定了子系统 (也就是系统的单元) 的单元构成怎样的子系统，甚至决定了单元本身。这就如同说，一个人到底是什么样的人 (尽管你会认为是由这个人的自身特质决定的) 这个问题，可以更好地用考察这个人与其他人的联系来回答。其他对象可以来如何操作我这个对象，决定了我作为对象的性质。这一点，在面向对象的编程的思想里面，体现的尤其深刻。因此，相互作用，如果称从物理学的四大相互作用推广来说的更加一般的事物之间的联系为相互作用的话，是所有的非平庸的科学的主题。

如果构成系统的单元之间没有相互作用，那会怎样呢？例如，我们来考虑那个著名的伽尔顿 (Galton) 板：从上方中间位置一个小球开始下落，遇到阻挡的小针，随机决定往左还是往右偏，然后到下方继续遇到阻挡的小针，继续随机选择往左还是往右。最终小球到达的为止可以表达成为 $X^i = \sum_{j=1}^{L} x_j^i$。这里 $i$ 是小球的编号，$j$ 是第几层的编号。所有的小球都需要经过 $L$ 层才会落到下面的格子里面来。然后我们统计每一个格子里面小球的数量，也就是，$X^i$ 的分布函数。根据独立方差有限的随机变量的中心极限定理，我们知道 $X^i$ 肯定符合正态分布。其中，我们仅仅需要确定平均值和方差两个参数。统计学告诉我们对于这样的分布，如果我们想了解均值和方差这两个参数，我们通常需要一个不太大的随机抽样得到的样本就可以了。估计的准确程度和样本大小的关系也可以得到。在这里，每一个小球是独立的，它们之间没有相互作用；两层之间也是相互独立的，往左往右没有相互影响。

我们用计算机程序“制作”了一个破坏这两个独立性的“伽尔顿 (Galton) 板”，让上下层之间不独立，让小球之间有相互作用——已经在某个格子里面的小球对新来的小球具有吸引或者排斥作用。这里给出来了数值模拟的结果。在程序实现上，我们让在 $x$ 的小球往左偏的几率决定于左端和右端那个盒子的目前已经有的小球的数量 $n_{L_i}$ 和 $n_{R_i}$(在实际计算中，我们还要对每个盒子里面当前的小球按照扔的小球的总数量取一个归一化。小球的总数量非常发的时候，分布函数才会比较光滑。例如这里，$N=1000000$。模拟中的隔板做了 12 层。于是，$x\in[-12,12]$)，取如下的函数形式，

$$q=\frac{\mathrm{e}^{\beta n_{L_i}}}{\mathrm{e}^{\beta n_{L_i}}+\mathrm{e}^{\beta n_{R_i}}}=\frac{1}{1+\mathrm{e}^{\beta\left(n_{R_i}-n_{L_i}\right)}}。\tag{1.1}$$

在图 1.1 中，参数 $\beta$ 分别等于 0(无相互作用), 10(吸引), $-10$(排斥)。实际上，我们当然也可以把规则制定成左端的所有的小球的数量和右端的所有的小球的数量 $n_{<i}$ 和 $n_{>i}$。

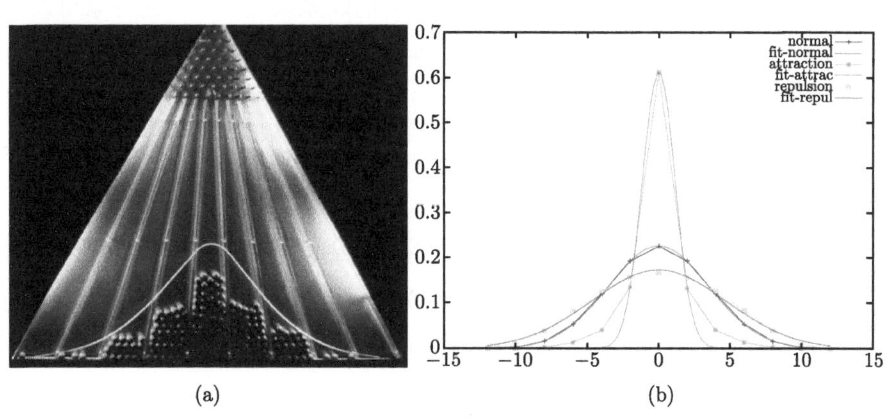


图 1.1　(a) 独立层和独立小球的伽尔顿 (Galton) 板。图来自于 Wikipedia“Bean machine”词条，由 Antoine Taveneaux 制作。(b) 破坏了独立性的伽尔顿板。其中一条曲线增加了在格子里面的小球对下落的小球的吸引力 (attraction)，一条增加了在格子里面的小球对下落的小球的吸引力 (repulsion)。可以看到三条曲线有区别，并且，吸引力曲线的实际数据和正态分布函数之间的拟合比较差。

我们发现这个时候 $X^i$ 的分布就不再是正态了。可以看到无相互作用、吸引和排斥三条曲线有区别，并且，吸引力曲线的实际数据和正态分布函数之间的拟合比较差。其实，排斥力曲线的实际数据和正态分布函数之间的拟合也比较差，而无相互作用那条曲线的数据点和拟合就非常好。

用这个例子，我们传达这样的一个信息：独立因素 (还需要方差有限) 合起来作用的效果导致正态分布，从实际样本中了解和估计正态分布也比较简单；可是，如果因素之间存在着相互影响，那么，世界就会丰富多彩很多，通常也更加难以处理。因此，有了相互作用，我们才需要发展物理学、系统科学这样的学科。有的时候，我们也称相互作用为系联，或者联系，来包含更一般的物理的力之外的相互作用。

整体论与还原论在不同层次的交叉混合，关注相互作用，并且正是相互作用的存在才使得还原的过程和回到整体的过程不平庸，这就是系统科学的思想上的主题。我们后面所有的讨论，本质上，都是这个主题的展开。

这个主题更加强调系统科学的“系统”两个字：系统的层次、子系统和元素之间的关系。系统科学的第二个主题则更加强调“科学”这两个字。上面的思想如何在描述和解决实际问题中发挥作用，就是科学要管的事情。简单地说，科学就是关于现实世界如何运行的一个心智模型，而这个心智模型往往表现为数学模型。

## ■ 1.3　关于科学和科学方法

既然系统科学首先是科学，那么我们就要了解科学是什么，最主要的特征、思想、方法、技术、概念是什么。科学是运用科学方法得到的来描述和理解、回答和解决现实世界中的问题的心智模型。一套成系统的关于某一类现象的这样的心智模型就被称为科学的一门具体学科。这里有两个关键词：科学方法和心智模型。心智模型指的是你大脑里面关于这个世界这个现象是怎么回事如何运作的描述，一般还要求是可计算可推理的。心智模型必须要能够描述现象，也就是说，这个心智模型得到的结果和实际上发生的系统的行为是相符的①。粗略地来说，通过科学方法得到的与现实世界相符的心智模型就是科学②。那么，什么是科学方法呢？在人

① 这里有一个科学是否可以验证的问题，见 Popper 的 *The Logic of Scientific Discovery*[1] 和其中的可证伪性的概念。我们暂时不展开讨论。

② 或者更加宽松地条件下，我们可以认为只要是能够和现实世界相符的目前还没有被证明是错的原则上允许被证明是错的心智模型就是科学，没有必要要求必须是通过科学方法得到的心智模型。

类探索对现实世界的问题的解决的过程中，人们形成了一些比较有共识的科学方法和科学思想。关于这个科学方法和科学思想已经有人做了一个比较全面的整理和批判 (中性词，critical thinking 的意思)①。粗略来说，科学方法就是通过观察和实验对现象的特征做出确定和整理，然后运用**人类思维的逻辑**② 提出关于这个现象发生的原因以及条件等等的猜想，接着运用进一步的实验来检验这些猜想，并在得到验证的猜想的基础上通过逻辑上的推演来构造进一步的理论，然后把进一步的理论再放在观察和实验中检验的这样一个用来回答和解决现实世界的问题的方法。其中包含的观察、实验、猜想、验证、构造理论等等这些步骤，在实际运用中，往往是反复的，没有特定的顺序的。以后我们提到科学方法就是指这个通过观察、实验、猜想、验证、构造理论来回答问题的方式。在整个这个可能往复的过程中，最重要的是遵循人类思维的逻辑——为了保证原则上人人都可以来学会和运用这个科学的体系，尽管什么是这样的不变的逻辑体系，这样的逻辑体系的根源是什么，还是一个问题。人们还希望通过这个科学方法得到的问题的答案是客观的真理。至于科学方法得到的答案是不是就是真理的问题，实际上，Popper 提出科学知识的本质特征不是通常认为的可以得到验证的真理，而是科学知识的可证伪性: 也就是原则上存在被证明是错的可能性的，迄今为止又没有被证明是错的知识。其逻辑是这样的: 任何有限多次的验证乌鸦是黑的，都不能从理论上否定白乌鸦的存在，有可能就是一直没看见白乌鸦而已。因此“乌鸦是黑的”，就是科学论断，因为如果有别的颜色的乌鸦，原则上，是可以被看到的，只要看到其他颜色，就可以否定这个命题，只不过迄今为止，还没看到，因此是科学的。按照同样的原则，“上帝是存在的”这个断言不能是科学的。如果它是科学，那么，就应该给出来一个“上帝如果不存在，就会怎样”的断言，然后在现实中检验这个“怎样”是否发生，如果一直没有观察到，那么就可以认为“上帝是存在的”命题为真。可是在这个关于上帝的问题中，“怎样”一直没有人给出来。于是，“上帝是存在的”就成了一个不能用科学的方式来讨论的问题。

除了可检验 (实际科学家通常满足与此) 或者可证伪 (科学哲学，什么是科学

①关于这个主题的带有强烈哲学意味的探讨，可以从 Popper 的 *The Logic of Scientific Discovery*[1] 找到。

② 关于人类思维的逻辑的本质是什么，可以见 Popper 的 *The Logic of Scientific Discovery*[1] 以及数学的逻辑学派，例如 Russell 和 Whitehead 的著作 [21]。

这个根本问题的研究者，通常更关注这个) 的要求，科学的成系统的理论，也就是学科，还要有普适性：企图用更少的模型来描述更多的现实。例如，电可以解释电闪雷鸣、与头发摩擦后的橡胶棒吸引小纸片使水流弯曲、冬天的黑夜中脱毛衣时候的声音和光点等等，然而利用雷公电母的理论你就可能需要给脱毛衣的你一个超能力——随时能够召唤小小的雷公电母，或者就认为雷公电母只能解释电闪雷鸣，而不能解释脱毛衣——也就是说，你可以不追求一个模型或者理论解释更多的现实。在这样一个企图找到大量的模型的基础或者共性的过程中，有一个叫做系联性思考的思维方式特别重要。系联性思考在这里的体现就是找到模型之间的联系，或者说构成这个模型的概念之间的联系，这样可以建立起来一套基于最少的假设和核心概念的公理化的理论体系。

大致总结一下：以一般性的人类思维的逻辑发展出来的，具有具有一定普适性和可证伪性的又还没有被证伪 (很多时候用更简单的实用主义的可验证性，或者更加通俗的可重复性来代替) 的心智模型，就是科学。

按照心智模型是不是“真”，科学可以分为几个层次。第一个层次，科学是对现实的“真”的描述：心智模型怎样现实就是怎样的，而且心智模型给出的结果是可在现实中验证的，可重复的。在科学和现实的关系是这样的世界里面，做科学家，最简单，最有幸福感——你看你提出来或者发展出来的心智模型就是世界本来的模样，而且由于可多次重复可验证，从实用性角度又没有任何问题。无论是对世界的描述和理解的角度，还是实用的角度，科学都是“真”的。例如，物理学家们认为，从高处落下来的小球，真的在做自由落体运动；天体真的在那里转不太圆的圈圈；不管你看不看，月亮都在那里。第二个层次，科学的心智模型可以不真 (或者不可理解，但是可以通过运算给出模型的结果。这里所谓可运算，就是运用一般性的人类思维的逻辑能够按照一定的规则进行操作，并得到结果)，但是其给出的结果是可多次重复可验证的。这个从实用主义的角度来说，完全没有问题。不过，认为科学就是追求真理的傲慢的科学家们，比如说大部分的物理学家们 (包括我)，就比较伤心了。例如，当你关心的问题是电子或者光子的时候，你是不是仍然自然地相信：你看或者不看这个电子或者光子，它都在如此运动呢？在社会科学问题中，你的理论你的方程写下来的就是真的是其中的对象——人或者团体——的真实行为甚至思考决策过程的描述呢？

其实按照模型的结果是否可以被重复被验证，我们还可以允许更宽松的科学理论。但是，实际从事科学工作的人，大部分坚持可重复可验证，尽管经济学天文学社会科学等学科的模型由于验证和重复的成本的问题可以稍微松一点。因此，在这里，我们就不讨论是不是把不能验证和重复的模型也当做科学的问题了。总结一下，科学就是以一般性的人类思维的逻辑发展出来的，具有一定普适性的，可证伪性的又还没有被证伪的，给出来的结果——也就是对现实的行为的描述或者预测——能够跟现实符合的心智模型。其模型的细节可以不真。

在整个定义中，最不明确的部分，就是“一般性的人类思维的逻辑”。狭义来说，就是指可以做数学推导和计算。可是，数学的最最底层确实是一般性的人类思维的逻辑吗？关于数学的本质，及其与逻辑的关系，以及是否我们现在理解和接受的逻辑的形式就是一般性的人类思维的逻辑的所有和最终的形式，以及更深入的问题——各不相同的人类的各不相同的思维为什么会具有一般性的逻辑，我们就不讨论了。可以参阅前面提到的 Popper[1]、Russell、Whitehead、Gödel 等的著作①。但是，至少，在上面的修理电脑和自行车的例子中，很容易理解为什么要做替换和分解，并且为什么通过替换和分解能够找到问题。因此，在实用主义的层次，人类的思维具有这样的一般性，也就是一般性逻辑的存在性不是一个问题 (为了使得你的生活更痛苦，我还要问一个问题: 这样的一般性难道不是仅仅因为大家都这么做，或者看别人都这么做，学会了，才认为是自然的，而不是对于人类思维来说，本来就是自然的？)。

除了这个替换和分解，还有哪一些是比较一般的科学方法呢？科学家构造和寻找心智模型的一般过程包括观察、实验、猜想、验证、构造理论，而且这些过程是循环往复的。在这里推荐你去看一下 Beveridge 的 *The Art of Scientific Investigation*(《科学研究的艺术》)[22]。你会发现，这些所谓的科学方法，不过就是人类的思维，人人都可以理解的，一般性的。

除了观察、实验、猜想、验证、构造理论，更大范围上的检验这样的具体的科学方法，科学方法还有一个非常重要的思维的层次的内涵: 批判性思维②。永远不要相信任何东西，直到你搞清楚为什么你可以相信它。结论是不可信的，就算是看起来通过科学方法获得的结论: 如果证据和论证过程你不能理解，那么你就不应该相

① https://en.wikipedia.org/wiki/Principia_Mathematica，2018 年 2 月 1 日访问。

② 推荐，Descartes 的《谈谈方法》[23]，Browne 和 Keeley 的 *Asking the Right Question: A Guide to Critical Thinking* [24]。

信它。就算是教科书中的数学定理，在你自己能够证明它们之前，也是不可信的。怀疑一切，明确逻辑和事实的起点，还有得到结论的逻辑过程，是所有的科学的最基本的要求。因此，当你给其他人呈现你自己的科学研究工作的时候，也需要面对其他人的批判性思考，尽可能完善地呈现你的证据和论证，考虑到可能的逻辑上的漏洞，收集足够有说服力的证据，而且这些证据和论证是通过科学方法获得的。学会怀疑，学会批判，学会问为什么，是每一个科学家首先需要做的事情。批判性思维，也不过就是，一般性的人类思维的一种。

于是，科学就是人类通过一般性的人类思维去构造能够给出与现实相符的 (或者是至少可证伪的却一直没有被证伪的) 努力和努力的成果——关于某类现象的成系统的成果。所谓成系统的就是内部有联系的一整套概念、模型、分析方法，并且尽可能用最少的假设和概念基础来构建的整套系统。联系到上一小节，系统科学的“系统”的特征：相互作用和还原整体一致论，我们发现，实际上概念、模型、方法之间和之内的联系，实际上也可以看做是“科学”这个系统内部元素之间的相互作用，它们之间的联系。因此，联系在系统科学里面就有了更加重要的地位。

既然系统科学首先是科学，那么科学方法就是我们学习系统科学首先需要学习的东西。有的时候，与系统科学的研究相结合，我们也把科学方法总结成一个过程：提出问题 (来自于实际系统的经验)，完整地描述问题 (数学模型)，解决问题 (解析或数值计算，借助于其他学科)，实践检验，提炼出理论，进一步解决可能是其他学科的问题。实际上，这个过程的任何步骤都可以打乱次序，有反复，不是一个线性的过程。具体的科学研究工作也可以在任何一个步骤上展开，而不一定要完成整个过程。了解了这个科学方法的内涵之后，在本书的例子中，我们会尽量让大家通过具体的研究工作的例子来体会这个科学方法。并且，在这个过程中，注意**批判性思维**，注意最重要的**心智模型**的种类——数学模型的运用，注意一些具有系统科学的思考问题的角度，例如**整体和还原一致论**、**相互作用 (也就是系联性思考)**还有我们在下一节继续介绍的**如何划分系统涌现性**等更多的与系统科学有关的一般的科学研究的思想。

在上一段的关于科学和系统科学的论述里面的所有的黑体的关键词中，除了我们已经讨论过的**整体和还原一致论**、**相互作用 (也就是系联性思考)**，以及不再展开讨论的**批判性思维**，下面我们来稍微讨论一下**心智模型 (数学和科学的关系)**、**如何划分系统**和**涌现性**，以及力学思想和普适性。同样，我们还是采用通过具体例子来体现思想的方式。可能这些例子来自物理学的比较多。那是一方面因为物理学仍然是迄今为止最成功的科学，有很多系统科学可以借鉴的地方；另一方面也因为我比较熟悉物理学。

## ■ 1.4　科学和数学的关系：概念是对现实的抽象，抽象的结果是数学结构

不管是把科学看做一个可重复的描述现实的工具，还是认为科学真的反映了现实如何运作，科学都起到了作为现实世界的心智模型的作用。也就是说，如果给科学家们一个明确的情境，那么通过在头脑里面做演算 (实际上可以通过计算机等工具)，我们就可以对这个情境下的系统的行为有一个完全的把握。当然，有的时候，这个完全的把握是决定性的；有的时候，这个完全的把握本质上就是概率性的，例如量子力学；有的时候，由于计算分析的精度这个完全的把握是近似的或者看起来具有概率性。于是，科学最重要的特征就是对现实的抽象，而抽象的结果往往是这个问题的最合适的可计算的模型——我们称这样的模型为数学结构。这个抽象——有的时候通俗地说“透过现象看本质”——的过程就是一个研究者最重要的科学研究的能力。在下面的小节里面，我们也选取了一些例子来让大家体会这个抽象的过程。

### 1.4.1　矢量，位置、词、量子态

第一个例子是矢量作为几个看起来完全不同的对象的数学结构。更多的关于矢量是什么我们后面进一步会学到。这里要求你大概具有大学《力学》课程里面对矢量的理解的水平，当然具有大学数学《线性代数》里面的矢量的理解就更好了。在高中或者大学一年级力学里面我们了解到位置可以通过坐标系来描述，坐标系还需要一个参考系 (原点和方向)，也够了。我们还了解到位移，也就是两个位置坐标的“差”，是一个矢量：有方向，有大小。我们还了解到矢量可以相加减或者被放大缩小，甚至转动。两个矢量可以计算内积，并且两个单位长度的矢量的内积取决于它们之间的夹角。这个时候内积越大表示两个矢量越相似。总结一下：矢量是能够做数乘、加法、内积这些操作的对象 (这些操作要满足一定的性质，具体以后再说)。

了解了矢量的这个性质，那么，自然地，平直的二维 (顺便，把地球表面抽象成为一个二维平面这种数学结构是近似的) 或者三维空间中的位置和位置的变化——也就是位移——自然就成了矢量了。位移可以讨论大小和方向，前后两个位移可以加起来。这些都和矢量这个抽象数学结构的性质完全符合。于是，我们说位移的数学模型是矢量。同样的道理，我们可以看到速度和加速度的数学模型也是矢量。我们还可以通过速度和位移之间的物理关系 $\vec{v} = \frac{\mathrm{d}}{\mathrm{d}t}\vec{r}$ 来了解速度是矢量，因为导数计算不过就是矢量的加法和数乘——时间在给定单位的情况下仅仅是一个数或者称为标量，不是一个矢量。顺便，沿着这个思路，我们注意到，如果时间可能不再是单纯的一个数了，例如有一天我们需要把时间能够跟位置合在一起做坐标变换了，那位置的数学模型是矢量这一点可能就要改变了——位置和时间合起来的数学模型才是矢量。相对论就是这样。关于这一点，如果有兴趣，可以去看一看《物理学的进化》这本书。矢量作为位移的数学模型非常自然，或者说，有可能矢量的概念就是从那里提炼出来的。下面我们要介绍的两个例子就不是那么直观了。

在自然语言处理这个学科里面，很多时候，我们需要给一句话、一篇文章或者一个词一个数学描述。这个描述就称为表象，而这个过程就被称为表象抽取，或者表象学习。一个简单的做法是这样的：把每一个词都当做独立的单位，给一个记号，当做空间的基矢。这样，一句话或者一篇文章就成了可以用这个基矢来表达的矢量。于是，当两篇文章的相似性这样的问题的时候，我们就可以通过先归一化这两篇文章的矢量然后计算内积来得到。实际上，给文章按照内容分类是一个非常常见的自然语言处理的任务。这样做显然是有道理的，因为我们可以想象相似的词汇构成的文章内容上自然具有相似性。除了计算相似性提示我们可能应该用矢量来描述词和文章之外，我们还希望当我们把文章的一部分和另一部分合起来的时候，其表象也正好就是把之前的两部分的表象用某种方式合起来。也就是说我们需要这个表象的内积和加法。于是，自然地我们想到用矢量。在这里，这个表象显然丢掉了词汇的顺序信息。不过，这个不是我们的重点，我们还丢了一个重要信息：每一个词其实不是独立的，有的词跟另外一个词可能很相似。也就是说，当做矢量空间基矢的东西可能本身并不相互独立正交，却被当做独立正交了。例如有可能“国王”和“女王”这两个词在含以上是有联系的，甚至我们还有可能可以运用表象来做这样的计算“国王 − 男人＋女人＝女王”。于是，Mikolov 等提出了一种把词转化成向量的技术，称作 word2vec[25, 26]。

Word2vec 的目标是把每一个词转化成为一个 $V$ 维矢量，并且尽可能地保持词之间的意义联系。当然这个意义联系不是说包含每一个词之间的所有的可能的意义联系，而是基于实际语料的建立在如下假设之上看到的联系：一个词的含义和周围的词的含义有密切的联系。于是，word2vec 构造了一个从目标词开始来计算周围词 (例如前后 $c$ 个，于是总共 $2c$ 个周围词) 的概率的一个学习机。这个学习机希望通过调整每一个词所对应的矢量来保证：给定这个词 (所对应的向量 $u$) 的输入学习机给出来的输出结果和真实语料中的周围的词 (所对应的向量 $v_{-c},\cdots,v_{-1},v_1,\cdots,v_c$) 的概率最大，输出结果和周围词不一样的概率最小。原则上我们还需要一个从输入产生各种输出的概率的机制。word2vec 采用了一个简化模型来代替这个模型，

$$P(v)=\frac{\mathrm{e}^{v^Tu}}{\sum\limits_{w}\mathrm{e}^{w^Tu}}。\tag{1.2}$$

然后，通过随着读取文本中的实际词汇——每一个目标词及其周围的词，来冲着是的上面这个概率最大化来更新词矢量的值。关于如何在给定一个最大化的目标函

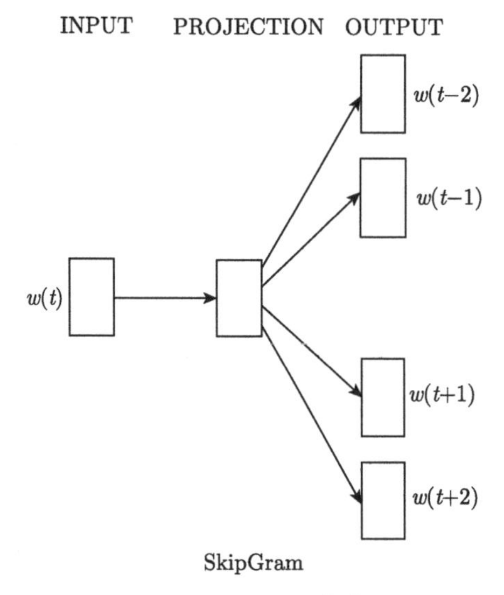


图 1.2　word2vec 算法的 SkipGram 实现的示意图 [25]，希望通过训练每一个词的矢量表示 (从例如给每一个词矢量一个随机初始化开始) 来实现对于每一个给定的词，其预测得到的其他词的概率满足如下要求：实际文本中出现在这个词周围的词概率大，而其他没有实际出现在这个词周围的词的概率小。其中预测模型的概率则通过计算矢量内积，然后计算指数函数，最后归一化来得到。

数的条件下更新自变量来寻找最大值的问题，可以参考机器学习的技术，例如线性回归。我们就不讨论这个技术了。通过这个 word2vec 技术得到的词矢量被证明保留了大量的有意义的词之间的联系 [25]，甚至包含上面从国王到女王的矢量计算。

其实，在把词语和文档转化成为矢量这条道路上，除了 word2vec 还有另外一个常用的技术，叫做 Latent Semantic Analysis(LSA，翻译为“潜在语义分析”)。在语义检索匹配索引这个领域用得比较多。这个技术的数学结构还是矢量空间，不过这次除了矢量还包含矩阵。具体来说，大概是这样的：首先我们按照语料库里面每一篇文章里面出现了哪些字出现了多少次等信息得到一个共现矩阵——从列来看就是行所代表的这些词一起出现在列所代表的这篇文章中，并且记录它们的频率 (或者某种加权过的有效频率，例如 TF-IDF——自己 Google 或者参考 Wikipedia) 当做相应行列的矩阵元素，然后对这个矩阵做奇异值展开 (Singular Value Decomposition, SVD)，保留前面几个大的奇异值对应的奇异值向量构成比原始共现矩阵维数小很多的矩阵。然后，这个时候的行矢量或者列矢量就可以用来表示相应的词或者文章。通过这个例子，我们想说明，不仅仅是考虑通过内积来计算相似性的这个理念促使我们考虑使用矢量来描述词，有的时候 SVD 分解这样的降维技术也是我们采用矢量空间作为事物的表象的原因。

从语言对象的表象这个例子，我们看到，由于希望给事物寻找一个可计算的数学模型，这个模型还要能够做加法和内积 (相似性)，人们尝试了用矢量这个数学结构来描述词，并且找到了一种得到这样的表示的算法。相比于位移矢量，词矢量是一个抽象得多的空间里面的矢量。例如，甚至我们对于最合适的空间维数 $V$ 都没有一个天然的好的定义。但是，这样一个思路仍然抓住了词之间的某些本质的有意义的联系，于是，还是能够帮助我们解决问题。类似的技术被发展和应用到了网络上，来描述更一般的个体之间的联系和反映这样的联系的个体的表示。这个技术被称为 node2vec[27]，并且被用来做网络上顶点的聚类分析，发现具有很好的效果。大概来说就是从网络结构通过某种在网络上行走的机制先来产生一个顺序表达的“文本”，然后把文本当做 word2vec 的语料来处理。进一步发展这个把网络顶点矢量化的方法，做到更加一般的从网络结构直接来产生矢量表示，来抓住一般网络中的顶点由于有连边的联系造成的矢量关系，是非常重要和有意义的——网络是关系的一种更加自然的表达而不一定是语言，而语言必须是顺序表达的。

关于矢量，由于其非同一般的重要性和普适性，我们还要句下面一个更加抽象的例子：矢量作为量子客体状态的描述。首先，我们来介绍一个量子系统的实验现象——将来正式学习量子力学的时候我们会介绍更多的这样的实验现象：光子过三个偏振片。

偏振片是一个非常有意思的仪器：其内部有一个由制作偏振片的材料和方式决定的特定方向，通过偏振片的光其振动方向必然和这个内部方向一致。那部分振动方向不一致的光，就被完全挡住了。至于如何实现以及实现这样的选择的机理是什么，我们不关心。我们称透过去的光为“透射”光，被挡住的为“反射”光。在物理上，反射透射是什么物理过程，为什么这样，在此我们不讨论。首先，我们通过自然光过一个偏振片就可以了解到——也就是透过一个偏振片看世界然后和不放偏振片的异同，一部分光会损失掉，看起来稍微的暗了一点点。然后，我们通过自然光过两个相互垂直的偏振片就可以了解到——偏振片的内部方向一般会清楚地标在仪器上，光有两个正交的振动方向。用两个偏振片一个挡住一个方向就完全挡住了光。当然，物理知识可以告诉你：光是横波，振动方程和传播方向垂直，因此在三维空间中可以分解成任意两个正交的振动方向。如果我们的实验就到此为止，那么，这个光就可以用两状态的小球来描述：状态 1 的小球被挡住状态 2 的过去，或者反过来。当两个偏振片正交的时候，都被挡住。于是，光的心智模型也就是两状态模型，和硬币一样①。

现在，我们来用这个模型解释光过三个偏振片的实验 (图 1.3)。我先交代“光过三个偏振片”的实验现象，然后来构造一个可能的心智模型，最后简单地大致地告诉大家这个模型是什么——Hilbert 空间中的矢量。希望你体会到从比较具体直观的模型到比较抽象的模型，到非常抽象的模型的过程，以及在其中矢量的作用。具体知识在量子力学那部分会再一次学习到。

Dirac 的光过三块偏振片 [28]：把两块偏振片垂直地放在面前，然后接着取出第三块镜片，以某个角度——与之前的任何一块镜片都不平行——插入到实验它们之间。观察是否能够看到东西，还是基本不能透光？实验结果是：只有两个垂直镜片的时候基本上看不到镜片之后的物体，但是，增加一个某个角度的镜片以后，之前不能看到的镜片之后的物体又能够看到了。大家在家里能够用三个偏振片演示的实验实际上是在自然光下做的，因此是多光子的现象。实际上，这个实验是可以

① 其实，我们还可以用二维空间 (第三维被传播方向占了，不能用了) 中的矢量来描述光。这里就不在展开讨论。更多细节可以参考吴金闪的《二态系统的量子力学》[28] 或者本书后面的量子力学部分。

在单光子的条件下完成的。现在，我们假装这个实验就是在单光子的条件下完成的。至于物理上单光子如何实现是另外一个问题 [28]。

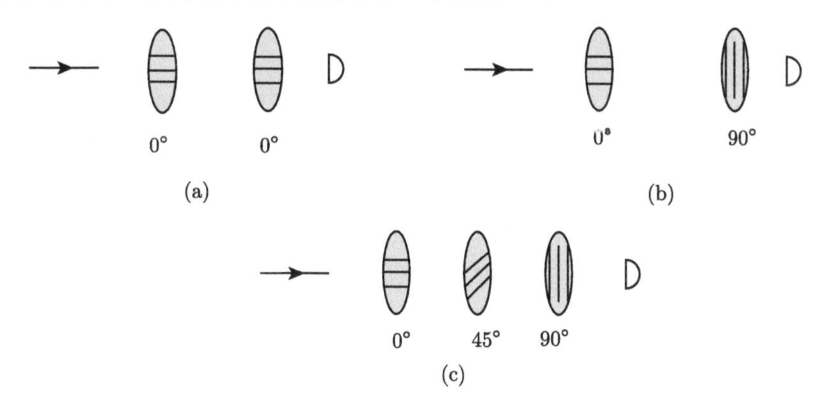


图 1.3 (a) 单光子过两块平行偏振片 (透过)；(b) 单光子过两块垂直偏振片 (挡住)；(c) 单光子过三块偏振片——最前最后两块相互垂直，中间的偏振片处于前后两者之间的某一角度(透过)。

用两状态的硬币的心智模型，我们这样来看这个实验：经过第一块镜片的光子是状态 1 的，这样的光子不管经过第二个偏振片的时候发生了什么，不可能变成状态 2 的——这个就好像是第一道门挡住了所有的男人第三道门挡住了所有的女人，那么不管中间的第二道门发生了什么，没有人能够通过着三道门。以上假设这个世界上仅仅有男人和女人。因此，把光看做硬币的这个心智模型不能解释上面的现象。实验现象看起来，好像是，通过增加了第二道门，我们就能够看到有人通过这三道门了。这个是不可能的事情。屋子里面的那道门难道可以把男人变成女人，而且是本质上就变了而不仅仅是打扮成女人?

好像我们可以把这个实验看做这样一个过程：光的状态好像可以通过一个矢量来描述，例如二维空间矢量 $\vec{A}$，然后偏振片的内部方向可以通过一个矢量 $\hat{r}$ 来描述，而光波经过偏振片的过程可以用一个矢量投影或者说状态矢量和仪器矢量的内积来描述 $A_r = \vec{A}\cdot\hat{r}$，而且经过镜片之后的偏振状态是 $\hat{r}$，强度是 $|A_r|^2$。我们先不问这个心智模型是是从哪里来的，也不问为什么透过的光的强度和这个投影的计算有关系。于是，经过第一块镜片——记为 $x$ 方向——之后，光子的状态就是 $\hat{x}$。如果第二块允许的方向完全与第一块平行，则光子不会再次被挡住——$1 = \hat{x}\cdot\hat{x}$，100% 完全直接通过。如果第二块允许的方向完全与第一块垂直——记为 $y$ 方向，则光子

不会再次被挡住——$0 = \hat{x} \cdot \hat{y}$，光子完全被挡住。如果有第三块镜片——记为 $xy$ 平面上的某个角度 $\theta \left(\theta \neq 0, \frac{\pi}{2}\right)$ 的方向，则通过第二块镜片的几率不为零，

$$\hat{x} \cdot \hat{r_\theta} = \cos(\theta) \neq 0。 \tag{1.3}$$

过了第二个镜片之后，其状态为 $\hat{r_\theta}$，于是过第三个镜片的几率也不为零，

$$\hat{r_\theta} \cdot \hat{y} = \sin(\theta) \neq 0。 \tag{1.4}$$

我们看到似乎这个矢量的心智模型通过矢量投影或者说矢量内积——通过 $\hat{r}$ 方向的出射光是 $\hat{r}$ 方向的偏振，其强度是 $|A_r|^2$，其中 $A_r = \vec{A} \cdot \hat{r}$——能够解释这个实验的现象。

上面这个计算可以看做一个单光子的飞行小磁针模型：过了第一片偏振片之后小磁针有一个长度——代表初始的光的强度，例如就记为单位 1，指向 $x$ 方向，于是矢量表示是 $\hat{x}$；接着小磁针飞过 $\hat{r}$ 方向的偏振片，按照内积计算透过的光的矢量表示的大小是 $\cos(\theta)$，方向是 $\hat{r}$，于是矢量表示是 $\cos(\theta)\hat{r}$；最后小磁针继续飞行通过 $y$ 方向偏振片，长度是 $\cos(\theta)\sin(\theta)$，方向是 $\hat{y}$，矢量表示是 $\cos(\theta)\sin(\theta)\hat{y}$。在这个单光子小磁针模型的解释下面，我们发现，这个单光子会随着飞行逐渐降低强度，但是每次总是能够通过偏振片的。

但是，这个理解有个问题：由于实际上光的实验是可以通过单光子来做的，单光子具有如下的不可分性：任何时候对一个光子——给定光的频率以后的最小的能量单位——做一个偏振片的实验，这个光子要么完整地通过偏振片，要么完全被挡住。因此，从个体的角度就用二维空间矢量来描述光子是不合适的：这样的描述导致会出现即使是单光子，光子也能够永远通过偏振片，仅仅光子的强度上有损失。这样的事情我们从来没有观察到过。我们看到光子要么整个过去了，要么整个被挡住了，其能量是固定的一份一份的，强度不会降低。实际上，在用多个光子做实验的时候，我们确实观测到了光强度降低。从单光子角度，其实是过去的光子的数量减少了。从一束光到单光子不是一个简单的跨越，有兴趣的读者可以进一步看一看关于 Einstein 光电效应的实验。在这里，我们假设其足够的实验证据来证明单光子的存在性，并且这个实验是可以通过单光子来做的。当然，实际上，这些在物理上，确实都是事实而不是假设。

除了单光子问题，这个实验还有另外一个问题：为什么我们能够通过矢量投影来计算。如果我们考虑一个绳子上的波，然后我们想象一下：先激发绳子上某个方

向的振动，形成波，并且传播。然后，我们设想给这个绳子做一个“偏振片”，仅仅让某一个方向的振动通过这个片，其垂直方向的振动被完全挡住。那么，显然，上面的矢量投影的数学非常好地描述了这个偏振片的行为。这个时候，我们来考虑为什么这样的矢量投影计算能够描述这里的“偏振片”。绳子上的波的根本的传播机制其实是 Newton 第二定律$\vec{F}=m\vec{a}$：一个绳子上的点受到它附近的其他点的振动的影响——附近的点在哪个方向上有振动就会在那个方向上带给我们关心的点一个力的作用，如果这个点周围所有的点受到的合力不为一定零，则这个合力导致速度变化——从而我们关心的点在那个相对运动方向上开始振动。于是，这个“偏振片”抑制了垂直方向的位移的传播，也就抑制了这个方向的振动的产生。那么，我们能不能把光子过偏振片的这个过程也归结为以上的机械运动的Newton 第二定律呢？把光波看做某种绳子——曾经被称为“以太 (aether)”上的集体振动？Michelson-Morley(迈克尔逊–莫雷) 实验证明光传播不需要介质。也就是说，周围点的驱动这个图景——它使得矢量投影计算很容易被理解——在光传播这个问题上不适用。

我们看到光子的硬币模型不能处理遇到中间斜着的偏振片的问题，光子的小磁针模型给出来的强度减少但是一直能够通过的结果跟实验不符合，光也不能看做介质上的集体振动——也就是经典波。但是，我们已经看到，把光子看做小磁针的计算给出来的结果，至少在投射光平均光强度上是正确的。也就是说，我们希望得到一个可以把光子看做一个个的小球的又遵循矢量内积的数学模型。可是这个模型不能是硬币这样的概率论模型，也不能是欧氏空间矢量的模型：不能是经典粒子，也不能是经典波，还必须有某个最小单位，还需要能够做矢量叠加而投影计算。将来我们会进一步学习到，这个可以用来描述单个光子波动性的模型必须是 Hilbert 空间的矢量。一个让单个粒子的行为就具有波性几率性的数学模型，被称为几率幅矢量模型，或者叫做波函数波矢量模型。

Word2vec 和量子客体的行为都启发我们可能我们的对象需要做加法、内积和投影计算，因此，其数学结构很可能是矢量。量子力学更加进一步逼迫我们超越位置矢量，思考更加广义的矢量。科学，很多时候，就是在搞清楚事物的特征，然后给这个事物一个反映其特征，或者能够解决相应的问题的表象，而这个表象通常是可计算的，也就是数学结构。

### 1.4.2 熵与信号编码

这一节，我们来讨论另一个非常普遍的概念——熵，以及它如何用来描述和解决几个看起来完全不同的实际问题。熵的数学基础是概率论，或者说熵是概率论这种数学结构的一部分。将来我们会发现熵在物理学上的描述能力。现在，我们先定义一下什么是熵，然后来展示熵这个概念如何有助于信息编码和信道容量等问题的解决。给定一个离散 (其实连续的也可以的) 概率分布 $p_i$，其中事件 $i$ 构成集合 $\Omega$，我们定义

$$S = -\sum_{i} p_i \ln p_i。\tag{1.5}$$

有的时候，尤其是在信息科学中，其中的自然对数函数可以替换成以 2 为底的对数 $\log_2$。在信息科学中，Shannon 熵的含义是一个信号包含的信息的多少，也是这个信号如果用二进制编码的话，需要多少个二进制数。为什么熵具有这个意义，我们了解更多再来讨论。先暂时接受这个，以后再回到这个问题。

现在来考虑电报传输的问题。我们知道电报是通过传递 0,1 信号——我们可以把下图中的短点看做 0 长条看做 1——来传递信息的。当然，实际上我们还需要加入不同长度的空格来表示短点和长条之间的分隔、字母之间的分隔还有单词之间的分隔。一会儿我们就会知道为什么电报码这样的设计需要额外空格来做分隔①。历史上，通过电报来传输一个 0,1 信号的成本比较高。因此，我们希望整体来说，能够用更少的 0,1 来传递信息，也就是希望平均来说编码所需要的位数最少。这里，平均来说的意义是指，把所有的大家说过的要说的话都包含进来。当然，实际上，我们只有通过对已经记录下来的语言的统计来做这个平均，并且认为这样的统计只要样本足够多就具有代表性而且未来不会发生太大的变化。

问题明确以后，我们来考虑一个简单直接的答案: 按照顺序给总共 26+10 个字母加数字 (我们统称字母) 做二进制编码，如果每一个代码的长度一样内容不一样，那么我们需要用 $\log 36_2 < 6$ 位二进制数来编码，然后 $A = 000001, B = 000010, C = 000011$ 这样，怎样? 实际上 ASCII 码就采用了这个编码原则。只不过由于还要编码一些特殊符号，实际上 ASCII 码的长度超过 6 位。不过这个不是我们的重点。在

① 如果把空格计算进来，那么，可以把电报的编码方式这样来看: 有信号的时间段当做 1，空格当做 0。不过，这个时候，整个编码的问题看起来会复杂一些。这里我们还是主要关注字母和数字本身的编码，而忽略空格。

这里，我们仅仅想指出来：对于 ASCII 码，平均每一个字母的长度是固定的。例如咱们上面自己编的这个编码体系的长度就是 6。那么，能不能做到比 6 更短呢？如果每一个码不一样长，是不是可以更短？那么，应该让哪个字母用更短的代码呢？一个简单的直觉的答案就是让出现频率最高的字母拥有最短的编码，让出现频率最低的字母拥有最长的代码。这样大多数时候，我们不用真的传输最长的，而是经常在传递这些个比较短的代码。实际上，你可以通过观察 Mores 码看到，确实是这样的，Q，Z 和 X 这样的字母很少出现因此代码很长，E,I,T 这样的字母出现频率很高，因此拥有比较短的代码。

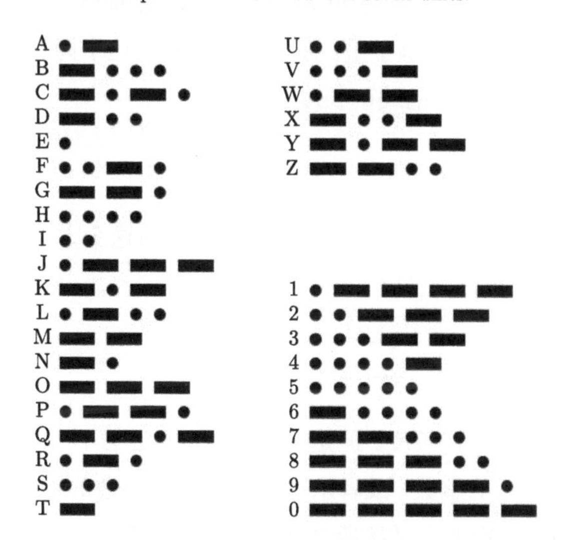


图 1.4　英文字母的电报码，注意每一个字母的码长度不一样。由 Rhey T. Snodgrass 和 Victor F. Camp 制作，图来自于 Wikipedia“Morse code”词条。

你仔细观察会发现，整个 Morse 码里面每一个字母的代码长度就没有超过 5 的。这个看起来和我们之间的计算——至少需要 6 位编码相矛盾。实际上你再仔细看就会发现，Morse 码重用了代码，例如 E 的代码成了 A 的代码的一部分，A 的代码成了 L、J、P、R 等代码的一部分。这样的代码称为前缀重用的代码，否则称为无前缀代码 (Prefix-free Code)。在后者中，任何一个代码不能成为其他代码的一部分。如果我们想从一串连续代码流中识别出来字母，那么，我们就必须用无前缀代码，否则会产生对代码流的多个可能的解释，或者需要从后面的流来计算前面的流所代表的字母。也正是因为这样，Morse 码需要引入好几种不同长度的空格符号来标志字母以及词的结尾。无前缀代码就没有这个问题，任何时候只要能够识别出来一个代表一个字母的代码，我们就可以把这个字母写下来，后面的流不可能是和这个已经找到字母的流合起来表示另一个字母。当然，固定长度的字母编码构成的流更加简单，直接按照这个固定长度划分就可以。但是，这样的话，字母代码的平均长度也就固定了。因此，无前缀代码是一个两种因素的好的混合。当然，Morse 码可能更希望有信号的部分更加短，无信号——也就是空格——部分可以很便宜地传输，就采用了前缀重用的编码。

有没有一个理论，也就是一个可计算的心智模型，告诉我们应该如何按照频率(或者还有其他的因素) 来给每一个字母编码呢？这样的编码的平均长度有没有一个极限呢？我们把这个问题放在脑子里。你可能已经猜到这个问题的答案显然和熵有关，例如让频率为 $p_j$ 的字母的编码长度为

$$l_j = -\log_2 p_j。\tag{1.6}$$

这个函数满足越大的频率长度越短。一会我们再来证明这个方式实际上是理论上的极限。这个时候的平均编码长度，

$$\langle l \rangle = \sum_j -p_j \log_2 p_j = S。\tag{1.7}$$

这个刚好就是最短的可能平均长度。但是一般来说，右边的不一定是整数。你可能需要每次找到那个最接近的整数，或者永远用大于等于右边的那个整数。于是，这个编码就不再是真的能够实现而是接近这个极限的编码算法了。当然，如果刚好就是整数那么，自然就刚好实现这个极限。

现在，我们把这个给频率高的字母更短的编码的理念一个实现的方法，并且看一看为什么理论上的极限就是前面定义的Shannon 熵。我们可以考虑从频率大的开始。首先我们准备至少 26 个可以用来编码字母的代码池子。这里我们先忽略数字就看纯字母。由于用二进制来编码，而且采用无前缀编码，所以至少我们需要准备一个 $5(2^5 = 32 > 26)$ 位编码系统。这样的一个五位编码系统可以用一个二叉树来代表。现在我们就需要按照上面的英文字母的相应的使用频率来把这些字母放

到合适的分支点上，并且注意：任何一个高层的分支点被一个字母占据以后，这个分支点的下层就不许有其他字母占据了。否则，高层的字母的代码就成了底层的字母的代码的一部分，也就是前缀。当然，你可以给定一个更多位的二叉树来编码，不过，可能就具有更长的平均长度了。我们先考虑这个 5 位的编码系统。

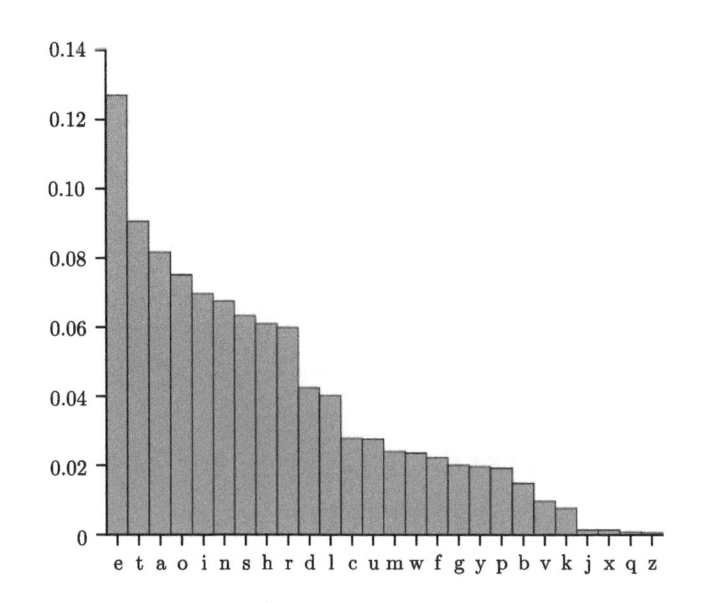


图 1.5　英文字母出现频率。由 Nandhp 制作，图来自于 Wikipedia “Letter frequency”词条。

有了这个池子，我们来看如何放置这些字母。我们可以从频率最大的字母开始，让它们先占据最高层，但是我们需要知道什么时候开始需要留下几个第一层的空位，开始往下占据了。否则，我们的编码位置不够用。看起来这是一个需要全局考虑的问题：放置频率最大的字母的时候需要考虑小的那些，放置频率小的那些需要考虑大的那些。如果这样的话，可能是一个很难解决的问题，更不用谈解决方案是不是最优的了。历史上，甚至当 Shannon 提出来熵的概念，并且证明熵决定了最优编码的极限之后，都没有找到这个实现或者非常接近最优编码的方式。其中有一种叫做 Shannon-Fano 编码的算法能够给出效率比较高 (平均长度短) 的编码。其算法大致就是从大到小按照频率排序，然后给属于这个当前分支点 (刚开始的时候所有的待编码字母属于最顶上的分支点) 的待编码字母做一个二分集合——使得这两个集合所包含的总概率相互最接近，然后把这两个集合一个放到左边的分支上一个放到右边的分支上直到每一个分支点上最多一个待编码字母。其思想就是让每一个第 $j$ 层的分支点下面包含的字母的合起来的概率接近 $2^{-j}$，这样整体上平均代码长度的表达式接近信息熵 $S$ 所定义的极限。这个编码其实就是 ZIP 压缩文件背后的算法。但是，遇到可以产生多种划分概率很接近的二分集合的时候，会出现多种划分在这个算法看来都可以但实际上它们得到的编码有较大差别的问题导致算法的效率降低。Shannon-Fano 编码采用了递归来实现把全局问题用局部方法来解决。其中关键一步是做一个集合内元素的使用频率的排序，并在排序以后再来划分下一步的集合，使得划分的左边和右边的频率最接近。Huffman 发现了另一个把上面的全局问题转化成一个局域问题的算法：每次选择频率最低的两个组合起来，然后把合起来的集合当做一个虚拟待编码单位来做下一步。关于这个历史以及这个编码问题的更多细节可以参考麻省理工学院的*Information and Entropy*（《信息和熵》）课程。Huffman 编码的全局问题局域化是非常巧妙的一步。这个思想在网络上顶点的聚类等其他问题上也有应用 [29]。

类似地我们可以尝试从频率最小的开始：让最小的那些占据最底下那一层。不过，我们需要知道到频率大到什么值的时候为止，我们就可以让字母开始占据倒数第二层了。否则，都放在最后一层就是 ASCII 所用的等长度编码了。我们知道等长度编码不是平均编码长度最短的方案。同样的道理，我们希望什么时候可以开始占据倒数第三层了，等等。Huffman 的算法是这样的：从频率最小的待编码字母开始(这个时候这个字母已经被放在了某个最低层级的二叉树的叶子上了)，去找另外一个频率最小的字母，把这两个字母合起来当做一个分支点的两个分支，并且合起来看做一个虚拟的字母然后把两个字母的频率加起来当做这个虚拟字母的频率，对剩下的没有被连在一起构成同一个根节点出发的二叉树的字母重复这个过程。在这里，整体问题转化成局部问题的技巧值得专门提一下。首先，算法做一个排序。排序是一个可以通过非常好的局域算法例如堆排序和合并排序等来解决的整体问题。其次，合起来当做一个虚拟字母使得算法可以忘记底下更小的结构。这个也很重要。递归和分治 (Divide and Conquer)，以及其中包含的层次性封装的思想对于把全局问题转化为局部问题是很重要的。这也是计算机科学和系统科学联系的一个例子。

图 1.6 和图 1.7 中，为简单计，用了 5 个字母当例子，来展示两种编码。图片和例子都来自于 Wikipedia。我们发现Huffman 编码在这个例子上具有更高的效率。由

于从频率小的字母开始，实际上 Huffman 编码更加有可能把频率大的字母一个更短的更高层的编码，因此，比 Shannon-Fano 编码具有更高的效率。我们看到理论平均长度、Shannon-Fano 编码和 Huffman 编码的实际平均长度分别是：2.1857，2.2818 和 2.2305。

**表 1.1 来自于 Wikipedia 的用于展示Shannon-Fano 编码和 Huffman 编码的例子，理论平均长度和两种编码的实际平均长度分别是：2.1857，2.2818 和 2.2305。**

| 字母 | A | B | C | D | E |
| --- | --- | --- | --- | --- | --- |
| 计数 | 15 | 7 | 6 | 6 | 5 |
| 概率 | 0.3846 | 0.1795 | 0.1538 | 0.1538 | 0.1282 |
| 理论编码长度 | 1.3786 | 2.4779 | 2.7009 | 2.7009 | 2.9635 |
| Shannon-Fano | 2 | 2 | 2 | 3 | 3 |
| Huffman | 1 | 3 | 3 | 3 | 3 |

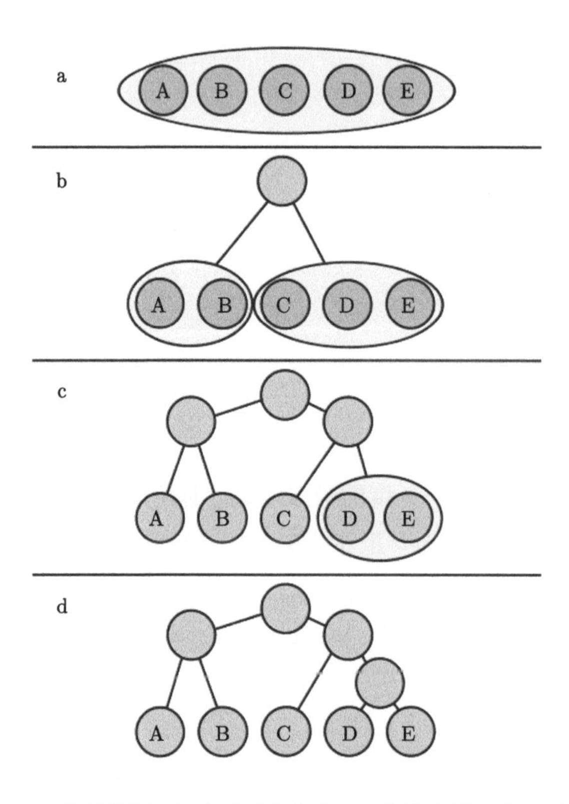


图 1.6 Shannon-Fano 编码举例。每次需要先排序，再在这个排序的基础上在某个点来划分集合。由 Andreas Roever 制作，图来自于 Wikipedia“Shannon-Fano coding”词条。

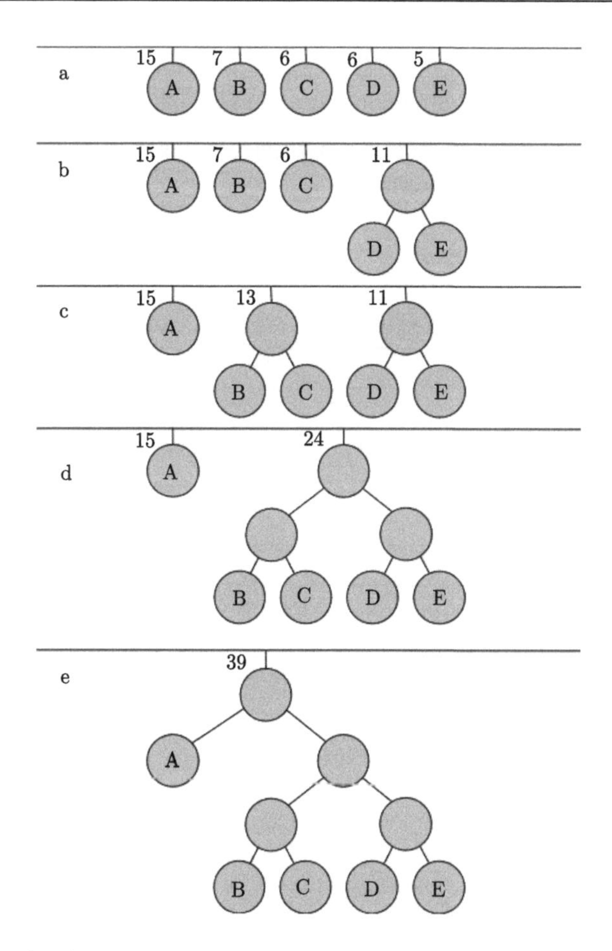


图 1.7　Huffman 编码举例，从最小的两个开始组合，组合起来以后当做一个具有合起来的频率的虚拟字母。Andreas.Roever 制作，图来自于 Wikipedia“Huffman coding”词条。

现在我们来证明平均代码长度的极限就是信息熵的大小。首先，我们看到任何一个无前缀编码都是在一个拥有足够分叉的二叉树的分支点上放置字母，并且满足：如果一个上层分支点被一个字母占据，则下层分支点不能再给其他字母。于是非常容易验证，每一个字母 $j$ 的代码长度 $l_j$，也就是这个字母所在的层数，满足下面的公式，

$$\sum_{j} 2^{-l_j} \leqslant 1。 \tag{1.8}$$

这是无前缀这个要求的结果：无前缀相当于没有重用，没有重用意味着任何一个无

前缀编码最多相当于把对底层的分支点 (叶子节点) 全部占据，这个时候上面的取和是 1。注意任何一层完全占据其他分支点都空着的话，上面的取和就是 1。当某一层被完全占满的时候，注意，确实其他任何分支点都需要空着，上面层下面层的分支点由于无前缀要求都不许占据。当然，如果待编码字母不够这么多，就会空下来，于是上面的取和就会小于 1。注意对第 $n$ 一层的来自于同一个父亲的两个叉上可能有的一个或者两个字母取和 $\delta_{n0}2^{-n}+\delta_{n1}2^{-n}\leqslant 2^{-(n-1)}$。其中 $\delta_{n0}(\delta_{n1})$ 表示左边 (右边) 的叉上有一个字母。这个说明，我们可以把来自于底层的求和放大以后或者相等地放到上一层上去，看做上一层被一个合起来的虚拟的字母占据。顺便，Huffman 编码的思想就是这样。于是，我们总是可以继续放大，直到所有的字母和虚拟字母都在某一个共同的层上。然后，按照前面的结论，全部在同一层的话，取和最多就是 1。

接着，我们定义一个概率分布函数

$$q_j=2^{-l_j}。\tag{1.9}$$

由于满足都是大于等于零并且取和小于等于 1，我们总是可以把这个定义看做概率的。如果 $N$ 个字母的总和小于 1，我们就形式上定义一个不需要传递的字母，让 $q_{N+1}=1-\sum\limits_j q_j$。

最后我们来证明，

$$-\sum_j p_j\log_2 p_j\leqslant-\sum_j p_j\log_2 q_j=\sum_j p_j l_j=\langle l\rangle。\tag{1.10}$$

其中最关键的是第一步，被称为Gibbs 不等式，

$$-\sum_j p_j\log_2 p_j\leqslant-\sum_j p_j\log_2 q_j。\tag{1.11}$$

这个不等式的证明可见 Wikipedia。粗略重复在这里，

$$-\sum_j p_j\log_2\frac{q_j}{p_j}\geqslant-\sum_j p_j\left(\frac{q_j}{p_j}-1\right)=-\sum_j q_j+\sum_j p_j=0。\tag{1.12}$$

有兴趣的读者可以继续阅读和思考关于信息熵，并且找到信息熵还可以用来解决哪些其他信息科学 (信息编码、信息传播等) 的问题。

通过这个例子，我们想让你再一次思考什么是科学，以及科学和数学的关系。科学就是从某个现象后者某个问题出发——例如这里的平均编码长度最短，有了某个理念——例如这里的频率最大的字母的编码最短，然后找到某个数学模型——这里的二叉树和无前缀编码，某个数学概念以及相应的定理——例如这里的信息熵和上面证明的最小编码定理，最后找到一个基于这个概念和定理的计算方法——例如这里的Huffman 编码，来解决问题。当然，最后是实践检验。其中，我们看到问题、理念、数学模型、数学概念和定理，还有解决方法，还有检验，缺一不可。科学就是给事物找到最合适的数学结构。为了这个目的，我们需要学会一些数学结构当做思维的基础，当然，有必要的时候我们也可以创造数学结构；我们还需要学会把事物和数学结构联系起来的思维方法——模型化的过程。前者可以通过学习数学来获得，后者需要学习物理和数学来培养。有必要的时候，我们也可以通过欣赏一些把物理学的思想数学的结构用于社会科学的研究工作，从中更多地体会模型化的过程。这个也是系统科学作为交叉科学的特征。

### 1.4.3　分形几何，海岸线、肺

下一个例子是关于分形几何的。很多人可能听说过分形几何。通常的几何体是描述比较规则的形状的，例如方形、圆形，或者至少在足够小的尺度下，你会发现这个形状就没有更加细节的结构了，其边缘就剩下光滑的线条——也就是 1 维的几何形状。当然，也可以人为地构造出来处处连续处处不可微的曲线，例如Weierstrass 函数和 Brown 运动的轨迹 (自行 Google 或者 Wikipedia)。这个时候，这样的曲线的维数就比较难说是 1 维了。那么，类似这种处处连续处处不可微，或者在任何一个小的尺度下都能够看见更小的结构的几何形状，如何精确地定义呢？现实世界中，什么样的东西具有这样的结构呢？有了这样的几何形状的定义能够在什么地方增加我们对现实的理解呢？

这几个问题，在任何一个量的定义上，我们都可以问：如何精确定义，现实 (可以是间接的理论模型中的现实) 中是否有对应，是否增加我们对现实的理解。现在，我们来试试回答这三个问题，尽管我们的重点是后两个问题。在讨论分形的时候一个经常被使用的例子是海岸线的长度。我们知道对一个国家的海岸线的长度通常是有一个数的，例如 Wikipedia 告诉你“中情局世界概况——The CIA World Factbook”记录中国是 14500km，英国是 12429km。可是如果你按照地图的比例尺

(a)

(b)

图 1.8 (a) 高压放电产生的分形，图来自于 Wikipedia“Fractal”(分形) 词条，原作者 Bert Hickman；(b) 玻璃上的冰晶形成的分形，图来自于 Wikipedia“Fractal”(分形) 词条，原作者 Schnobby。

去量一下的话，你会得到跟这个数据差别非常大的值。如果你换一张比例尺不一样的地图，你又会得到另一个值。原因是海岸线不是一条很好的线，你用比较大的尺子的时候就会忽略比较小的折线结构。当然，一般遇到这种情况你总是可以用更小的尺子来得到精确的数值。可是，海岸线这个东西，由于长期的腐蚀现象，你用任何一个小的尺度 (只要不比原子分子的尺度更小)，你都会发现新的结构——原来看起来是一条直线的东西，现在看起来是折线，甚至更复杂 (例如孔洞)。这样的几乎可以无限细分下去都有更小的结构的几何图形就称为分形。有的时候更小层次的结构和上层的结构具有相似性或者完全一样。因此，分形的概念一定程度上还意味着子结构和上级结构的相似性——称为自相似。除了海岸线，我们还可以找到很多其他的例子，例如河流分支网络、血管分支网络、闪电或者高压放电、土壤中的孔洞、心电图时间序列、股票价格时间序列。

对于海岸线这样的形状，我们可以定义一个分形维数：我们猜测这个维数肯定大于 1 小于 2——因为像圆形这样的简单曲线是 1 维，而这个形状也不像占满了某个 2 维面的样子。我们先来看看定义，然后看看这样的定义能够如何提高我们对现实的理解。分形维数的一种定义——称为盒子维数，是通过数盒子来定义的。用一个大小为 $r$ 的盒子，把整个图 $C$ 做一个最小覆盖，所需要的盒子的数量记为 $N(r)$。然后用更小的 $r$ 再来做一次得到新的 $N$，定义

$$\dim_{\text{box}}(C) = \lim_{r\to\infty} \frac{\ln N(C,r)}{\ln 1/r}。 \tag{1.13}$$

可以验证对于简单的线段，$N \propto r^{-1}$，因此其分形维数是 1，和熟悉的维数定义一样。从 Wikipedia 的“List of fractals by Hausdorff dimension”页面我们还可以知道以下生活中遇到的东西的分形维数 (这里是 Hausdorff 维数 [30, 31]，跟盒子维数有密切联系)：白花菜 ($d = 2.33$)、花椰菜 ($d = 2.66$)、大脑表面 ($d = 2.79$)、人类肺表面 ($d = 2.97$)。前两者的维数高是否存在生物学上的优势不太清楚，但是后两者，尤其是最后那个人类的肺部的表面要尽可能地接近 3 维是很容易理解的：我们需要非常迅速地交换氧气，一个光滑的表面仅仅是一个 2 维的对象，其效果肯定不如更高维的形状，而且越接近 3 维越好。于是，我们看到分形这个概念和分形维数这个数值可以帮助我们加深对这个世界的理解，而且分形是普遍存在的。有可能在有些问题上，例如表面催化的问题，我们必须考虑分形才能够更好地描述和解决问题。

最近还有研究 [32] 运用分形的概念和分形维数的计算讨论了癌症治疗手段的效果，治疗前后血管分支网络的分形维数的变化。其大致的设想是这样的：在癌症病灶区域 (一般正在疯长中)，其供血量和其他区域是有差别的，因此研究这个区域的血管分支网络的分析维数可以了解疯长的阶段。如果癌症的阶段和分形维数之间的联系确实建立起来，那么，确实，治疗方式的效果的衡量就可以通过考察分形维数，而不是仅仅依赖于其他生理指标。

关于分形这个主题更多的入门材料可以从阅读 Falconer 的*Fractals: A Very Short Introduction*[30] 或者 Mandelbrot 的*The Fractal Geometry of Nature*[31]。

我们用这个例子是说明，科学的概念是从现实中提炼出来，一般来说数学化的，描述现实的，并且促进我们对现实的理解的。这个分形的例子除了体现从现实的特征中提炼出来数学和科学概念，用来描述现实的特征之外，还有理论上当做现实现象的舞台的意义：某些现象，在整数维的空间上和在分数维的空间上发生可能会有不同的结果。关于后面这一点，可以参考杨展如的《分形物理学》[33]。这个模型机制和背景舞台合起来决定模型行为的理念在物理学和系统科学里面经常用到。以后我们还会遇到它。

## ■ 1.5　划分系统和确定考察的因素：热寂问题和量纲分析

系统科学很重要的很基础的一个概念就是系统。系统粗略地说就是一个研究对象的集合。系统是一个可以在具体问题的研究中指代非常明确，但是却很难给一个一般定义的概念。把系统认为是一个包含了研究对象的集合，除了哲学上的讨论，在实际研究工作中我们认为就够用了。那么，如何划分一个系统呢？一个物体的状态显然可以是和另外一个物体的状态相关的，于是整个世界才是一个有天然的定义的系统。那么，是不是所有的问题的研究都需要把整个世界都包含进来呢？如果是这样的话，我们就没有学科之间的区分了。学科之间的边界，尽管这个边界会不断地变化，就是研究者通过把自身所感兴趣的研究对象从整个世界中“隔离”出来形成的。在任何实际问题的研究中，这样的隔离都是必须的。那么，既然这样的隔离是必须的，在实际问题的研究中，又如何划分呢？在这一点上，物理学中，受力分析的训练可以给我们很大的启发。针对同一个情境，有的时候我们会按一种方式来划分系统，有的时候我们又会按照另一种方式。这个经验在将来更一般的系统中的讨论也是有意义的。因此，我们把这个受力分析的训练作为划分系统的一种体验。

先举一个大的不是那么可以动手操作或者计算的例子：整个宇宙作为一个我们关心的系统。这个问题和下面的要讨论的开放系统的问题相关。不过，我们不怕重复，重要的事情要说三遍来着。统计物理学对于没有外界的系统，给出了一个稳定状态——所谓稳定状态就是可以在这个状态上长时间停留，而且处在这个状态附近的系统其状态会趋向这个稳定状态：系统中的各个点的状态一样，也就是均匀状态。至于为什么这样，以后再说。力学系统是允许一个保守系统做周期或者准周期运动而步走向某个特定的演化方向的——例如各向同性的稳定态。至于在这里为什么要对整个宇宙按照统计物理学而不是力学来讨论，我们也以后再说。我们先来关注最主要的问题。

现在我们把宇宙看做一个这样的系统，因为其已经包含一切而没有外界。于是，按照之前的说法，这个世界的稳定状态就是均匀状态，如果现在不均匀，那么将来也会均匀。这样的一个图景其实可以通过一些日常生活的例子来理解。例如，在一杯子的水里面滴入一滴墨汁①(图 1.9)，一开始墨汁的分布是不均匀的，后来就

图 1.9　墨水在水中扩散，很容易分出先后，所有人都不会搞错。系统的演化有方向。

图 1.10　由于两边水面高低的不同，造成压强不同，于是一边的水就会被推动着向着另一边运动。系统的演化有方向。

① 实际上，这个杯子里面的墨汁的系统，或者杯子里面的墨汁加上水的系统，以及大多数看做孤立系统的系统，实际上是正则系综的系统。关于正则系综将来在统计物理学部分会学习到。正则系统实际上不孤立，和外界存在能量交换。

会变得均匀；在一杯子的水里面加入一点热水，就算不让这个热水蒸发 (例如你可以用一个气球装上热水)，过一段时间以后，水温也会变得均匀。下面的讨论中牵涉的平衡态、熵、孤立系统和绝热系统等问题，我们在后面关于统计物理学的时候都会学习到。其他的跟这个问题有关的非平衡系统的熵、狭义相对论、引力等，了解了什么是物理学和物理学家的思考方式，有了力学、统计物理学、量子力学的基础，都自己可以学得懂。我们暂时不讨论这些。

如果我们的宇宙的也遵循这个发展变化的过程，那么，我们人类和人类的思想 (我猜测随着我们长大，通常一个人的思想是向着更加复杂更加不均匀的方向在发展)，这样一个和这个世界的其他东西如此不均匀的东西，是怎么演化出来的呢？更不用说，将来这个宇宙的归宿——均匀的没有任何有结构的地方的一个宇宙——走向一个叫做“热寂”的状态。

当然，以上这个推理本身有一点小小的问题，统计物理学对于绝热系统 (不能与外界交换热量，但是可以跟对外界做功) 给出熵增加——也就是趋向均匀——的演化方向，但是对于完全没有外界的孤立系统仅仅能够给出熵不减少的演化方向。因此，整个宇宙不一定会更加均匀，但是至少不应该出现更多的更复杂的结构。例如，从一个单一颜色的郁金香的物种变成多颜色的甚至混合颜色的郁金香，这样的复杂的结构。例如，从一个个的单细胞草履虫演化成为拥有千万个功能上有差别的细胞的具有自己的思想的人的这样的复杂的结构。于是，这个小小的推理上的问题，不影响主要的结论：我们的宇宙不应该出现更复杂的结构，可是我们天天看见更复杂的结构的出现。

那么，这个问题可以如何来理解呢？一个简单的，但是不解决根本问题的，视角是这样的：尽管整个宇宙可能确实是向着更均匀和没有结构的方向在发展，但是宇宙的各个小部分都是开放系统，而开放系统的熵没有说一定要增加。也就是说，某些部分的熵的减少，更复杂的结构的出现，是以另外的部分的熵的增加为代价的。这样的变化的过程有可能是系统自身的涨落，或者有的时候加上外界的选择。例如培育更加复杂的郁金香这个事情应该是自发的涨落、诱发的涨落，以及选择的结果。这样的诱发和选择，肯定会伴随着一定的代价——例如能量的使用 (对于能量的输出单位来说，其结构变得更加“不复杂”了)。因此，只要换一个系统来考虑，就不是问题。

当然，这个不解决根本问题，是不是宇宙的命运真的就是均匀，我们现在只是

“时候未到，不是不报”呢？这仍然是一个问题。一个可能的答案是这样：是不是我们的宇宙可以看做一个开放系统而不是孤立系统呢，尽管我们说过我们定义的宇宙包含一切没有外界。由于我们的宇宙处在一个膨胀的过程中 (而且是时间和空间本身在膨胀，不仅仅是物质，因此不能用在空间中膨胀的气球来直观理解)，因此，这个部分的熵会如何变化是一个问题。是否存在这样的情况，这部分提供的负熵的量足以提供我们产生更复杂的结构的需要呢？这个问题还牵涉引力的问题。在上面的讨论中，我们没有考虑引力。考虑了引力之后，均匀的状态就不一定是熵最大的状态。引力部分的熵如何计算，以及是否足以支持我们更加复杂的结构的产生也是一个问题。

最后，我不得不说，这个问题仍然是一个问题。不过，通过这个例子，我想说的是，选择不同的研究对象——也就是系统的选择，例如是否整个宇宙还是宇宙的一个部分，是否包含引力，是否考虑宇宙膨胀，等等，你会看到这个世界不一样的样子。

第二个例子是量纲分析。所谓量纲分析就是指一个公式的左边和右边各个量的单位做一个运算，其最后的单位应该相同。写成一个定理是这样的：一个系统中的量 $(x_i)$ 通过乘除法所构成的所有的无量纲表达式 $(l_i)$ 之间必然满足一个函数关系 $f(l_1, l_2, \cdots, l_M) = 0$。其背后的道理是这个系统中的所有的量存在一个函数关系 $F(x_1, x_2, \cdots, x_N) = 0$。证明略。有兴趣的可以看看赵凯华的《定性与半定量物理学》[34]。现在，我们用量纲分析来求解单摆的周期的公式，以及证明勾股定理。这些都是《定性与半定量物理学》一书中的例子。

图 1.11 是一个单摆的示意图，一个小球通过细线连到天花板上，然后从某个高度的位置放开小球。这个时候小球将做周期性运动，并且从这个位置开始又回到这个位置的这段时间称为这个单摆的周期。以后我们会学到如何运用 Newton 力学来求这个周期，原则上我们需要先做受力分析，然后列出运动方程，最后 (在一定近似下) 求解这个描述小球运动的微分方程。现在，我们来尝试用更简单的方法——量纲分析，避开受力分析和求解微分方程。首先，这个问题里面有如下几个物理量：小球的质量 $m$(单位是 kg)、重力加速度 $g$(单位是 m/s$^2$)、绳子的长度 $l$(单位是 m)、绳子的初始角度 $\theta$(单位是 1，纯数)、单摆的周期 $T$(单位是 s)。因此，能够通过乘除法找到的无量纲量有 $\theta$、$T\sqrt{l/g}$，于是 $f(\theta, T\sqrt{g/l}) = 0$，也就是说

$$T = \sqrt{l/g}\Theta(\theta)。\tag{1.14}$$

至于函数 $\Theta(\theta)$ 的形式，量纲分析就不能给出答案了。有了这个公式，我们实际上就能做很多的事情了。例如，我们指导通过调整 $l$ 可以调整周期，我们知道 $m$ 对周期的影响可以忽略不计，甚至通过做实验，一定程度上，我们能够得到 $\Theta(\theta)$。看起来，通过这个量纲分析，我们真的是捡了一个大便宜。真的是这样吗？

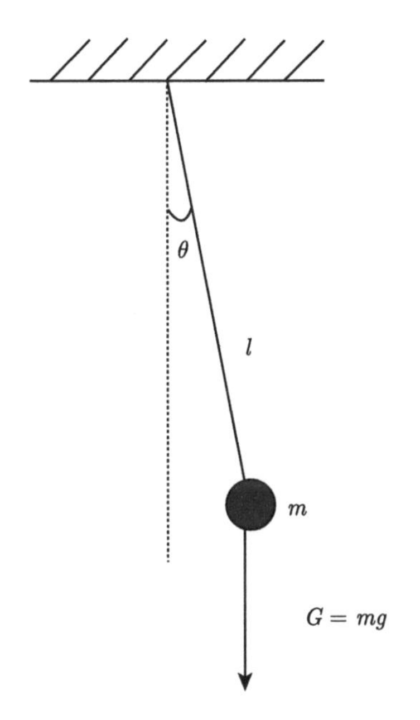


图 1.11 单摆和决定单摆运动的因素

其实，所有的困难的地方，都被隐藏到了对于相关变量的确定里面。我们对于这些量的选择 ($m$、$g$、$l$、$\theta$、$T$) 实际上是建立在我们对单摆的清楚而深刻的认识的基础上的：$m$、$g$、$l$、$\theta$ 决定了这个系统的所有的运动状态，$T$ 是这个运动状态的表现。那么，一个完全不了解单摆的人，如何才能够明白其实 $m$、$g$、$l$、$\theta$ 就决定了这个系统的一切行为呢？因此，实际上，量纲分析的工作量在于认识这个系统，确定相关的变量。当然，对于做习题，也就是相关变量基本确定的问题，量纲分析可以给你提供好的分析方向。对于未知的领域，你需要有足够好的直觉 (长期经验的结果) 才能做好变量的选择这一步。

利用量纲分析证明勾股定理 (直角三角形 $a^2+b^2=c^2$) 非常的神奇和方便，至少我在第一次见到这个证明的时候是非常吃惊，并且产生了为什么历史上不是这样证明的呢这样的问题。如图 1.12，考虑直角三角形的斜边 $c$ (单位是 m) 和一个

夹角 $\theta$(单位是 1，纯数)，由于另外一个夹角完全依赖于这个夹角，我们选择这个夹角就够了。我们来尝试计算这个三角形的面积 $S$ (单位是 $\mathrm{m}^2$)。按照量纲分析我们得到

$$S = c^2\Phi(\theta), \tag{1.15}$$

尽管 $\Phi(\theta)$ 的具体形式未知。

接着在这个直角三角形里面做一条斜边上的高，于是得到两个小三角形，其中有以 $a$ 为斜边的，有以 $b$ 为斜边的，并且都有一个 $\theta$ 角。于是，我们得到 $S_a = a^2\Phi(\theta)$，$S_b = b^2\Phi(\theta)$。两者合起来的面积自然是整体三角形的面积，于是，

$$a^2\Phi(\theta) + b^2\Phi(\theta) = c^2\Phi(\theta)。 \tag{1.16}$$

只要 $\Phi(\theta) \neq 0$，我们就得到了勾股定理。

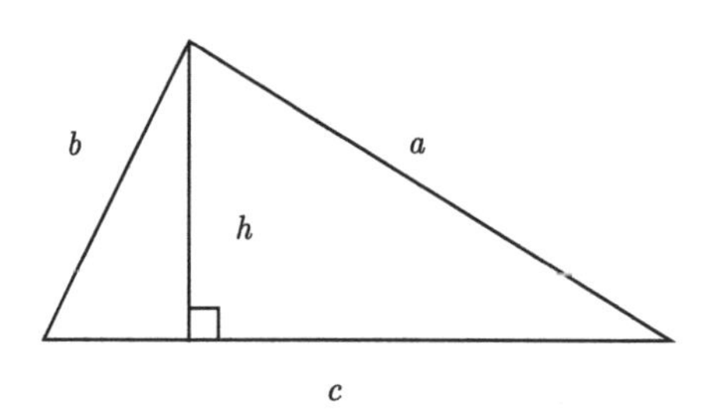


图 1.12　利用斜边上的高把三角形分成两个跟原三角形相似的三角形，然后用整体面积等于两个部分的面积来证明勾股定理。

看起来，这个证明就是运用了直角三角形斜边上的一条高做了一个面积切分，然后合起来。非常简单优雅的证明。但是，如果你真的仔细想，你会问，为什么我们要选择斜边和一个夹角来作为自由变量，把面积当做在这个三角形所考察的变量呢？为什么 $c$ 和 $\theta$ 就足以确定这个三角形了呢？这些问题，实际上牵涉全等三角形的判定条件的问题 (接着问，为什么全等三角形的条件就是我们这里确定自由变量的问题的答案呢？)。因此，确定这几个变量的任务实际上就是完全了解直角三角形的过程。

于是，我们再一次发现，解决一个问题的关键，在于确定这个问题的描述变量，最重要的相关因素。也正是在这个意义上，问一个合适的问题，确定回答这个问题的核心的相关因素，远远比解决这个问题来得更加有意义。对于我们系统科学关心

的每一个具体系统，也一样，确定这个系统由哪些因素来描述，是最重要的一步。后面的步骤就是知道这些因素如何相互影响相互作用，以及如何在这样的相互作用的因素下，把状态描述好，把问题解决好。状态描述的问题，通常包含两个方面，描述的数学模型 (也就是前面讨论的科学和数学的关系) 和力学的世界观。下面我们来讨论力学的世界观。

## ■ 1.6　力学思想无处不在：状态、状态变化以及状态变化的原因

科学的任务典型的就是对现象的理解、预测和干预。对于理解、预测和干预这些个目的来说，最重要的信息就是关于这个现象中的主体的状态的描述，状态的变化，以及探索状态变化的原因。这个思考状态描述、状态变化和变化的原因的问问题的角度，称为力学的世界观。在物理学里面，通常称这样的问题为一个动力学问题，或者说演化的问题。从更一般的意义上说，这个能够把大多数问题归结为一个动力学问题的情况是一个非常让人惊奇的事情。在这里，我们希望给大家展示典型力学问题，以及从力学问题开始到更加一般的动力学问题的这样一个推广。为什么这个描述状态，探讨状态的变化和变化的原因的视角会在科学里面非常的普遍呢？

一方面，很多时候我们看到的事情是静态的或者说是稳定的。例如一杯看起来静止不动的水，一个一直这样转下去的太阳或者月亮，一个稳固的不动的三脚架或者房屋桥梁，一片看起来大小形状不变化的田地。那为什么要用动力学的视角呢？由于我们需要划分、交易田地以及收税收租，自然我们要去提出来描述形状和计算形状的面积这样的数学结构。当然，在那之前还需要发明计数还有单位。但是，从静态的形状、数和单位，过渡到动力学的视角，并且去问为什么，不是显然的。有的时候，我们是为了把更多的现象归结为同样的原因 (例如所有太阳系大体的运动主要受太阳引力的影响) 在起作用，或者是同样的方程 (例如不管天上地下 Newton 方程总是能够解释这些状态变化) 在起作用。在下一节我们会看到，这是对思维提出了系统性和普适性这个更高的要求——归结到太阳引力甚至万有引力是在系统性普适性的一大步，归结到 Newton 方程是系统性和普适性上更大的一步。在进入

系统性和普适性这个主题之前，我们试着这样来看这个从静态到动力学的过渡：其实这些静态和稳态都是演化得来的——这一点下一段再讨论，或者这些静态和稳态需要从一个假想的可能的变化中稳定下来。后者和一个叫做虚位移的概念和一种叫做线性稳定性分析的概念有关。以三脚架或者桥梁的静态结构稳定性分析为例。除了保证某种形状能够在静态存在，我们还要讨论这个形状的稳定性，我们还要用强度和材质合适的材料来保证把这个三脚架或者桥梁做出来。也就是说，我们需要计算这个时候三脚架每一个连接点的受力，还要计算万一产生一个小小的对平衡位置的偏离，是否能够保证这个偏离不会造成一个更加大的偏离以至于产生严重的后果。这个计算就通过一个叫做虚位移和虚功原理的方式来完成。这个虚功原理把动力学问题和静力学求解各个连接点的力的问题统一成为一个基于势函数的计算。更具体就不在展开了，可以参考分析力学教材 [35]。稳定性分析则是列出来对于任意的给定的偏离，系统的响应，也就是运动方程，然后研究系统下一个时刻的状态是向着减少还是扩大偏离的方向。具体计算的例子我们以后会在线性稳定性分析中看到。其关键就是偏离产生以后的运动方程。因此，我们看到要么静态的问题和动态的问题其实是可以用统一的框架来描述的，要么，静态的问题我们还需要考虑假想地“动起来”会怎样。

当然，另一方面，很多事情本来就是演化的。例如演化的视角来看生物系统就能更好地理顺生物之间的关系，以及和不同年龄的地层里面找到的生物化石证据相符。例如我们讨论一个社会的规范、价值观、共同理念、文化、习俗、人口这些方面的现状，自然就会思考这些现状是怎么来的，也就是哪些历史事件和历史上的思想 (和人物) 在这些现状的形成的过程中发生了作用。搞清楚了这个历史，会使得我们对现状有更好的认识和理解。那么，是不是一个演化的世界的演化的现象我们就必须通过演化的角度来研究呢？也不是的，如果这个演化实际上并没有带来因果或者关联的话。因此，我前面所说考察关键事件人物思想能够促进对现状的理解有一个前提，就是，前后状态是有联系的，这个联系有可能可以归结到某个其他因素上，例如这里的关键事件人物思想。一旦我们能够把这样的因果关系或者说至少是关联关系找到，如果假设这个关系还对，那么，我们还可能在一定程度上对系统做出预测和干预。因此，动力学的视角的普遍性的一个理由就是，大量的事情本来就是演化得来的，历史状态和现状之间存在着关联，而且搞清楚导致这个演化的原因，对于理解现状把握将来有意义。

那么，有没有前后状态基本没有联系的情况，这个时候是否还需要关心演化呢？有这样的情况，而且还需要关心。在某些系统里面，相隔一段很短的时间的前后两个状态就基本上看不出来联系了，例如一个盒子里面装着的气体的前后两个状态，一滴墨水进入一个杯子里面的扩散后期的两个时间点的状态。这个时候，我们还是可以构建一个动力学过程来描述这个时候状态的演化。我们要么把这个现象看做从一个静态分布函数中抽样——这个可以看做没有动力学的独立抽样，要么构造一个采用基于现象的“伪动力学”方程——例如做 Ising 模型平衡态模拟的时候的基于细致平衡原理的 Master 方程。如果是某种机制性的动力学方程——例如假如我们相信墨水分子的运动实际上来自于它们和水分子之间的相互作用并且由此构建方程的话，我们甚至还需要回答为什么这个时候的关联时间比较短，甚至可以看做独立抽样。也就是说，在力学的世界观的指导下，甚至对于前后状态没有关联的系统，我们也经常通过动力学的视角来考察。

一般来说，很多时候我们可以用数量和形状来描述或者近似地描述我们的对象。但是，有的情况下，找到一个对象的状态的数学描述，不是一件容易的事情。很多时候，这个描述是最重要的科学概念上的突破的一步，而不是演化方程，也就是找到状态变化的原因。前面我们已经看到了量子系统的状态和词语的状态矢量的这样不太容易找到数学描述的例子了。

现代科学基本上可以认为从 Galileo 的实验 (让斜面上滚下来的小球在不同摩擦系数的材料上前进，比萨斜塔上扔球) 和理想实验、Tycho 的天文观察开始，到 Newton 发明和用数学结构来描述这些观察和实验。当然，中间还有很多其他科学家的非常重要的贡献——例如 Kepler 对 Tycho 的观察数据的数学描述，之后还有贡献更加大的科学家——例如 Einstein 和 Bohr 等改变了我们的时间空间几率的观念还有 Darwin 进化论以及 Watson-Crick-Franklin 的双螺旋在整个生物学的基本框架的地位，之前也有可以看做科学思想萌芽的思想者。但是，从确立“什么是科学”以及把科学从思辨从哲学中独立出来来说，大概就要数 Aristotle (尽管 Aristotle 的具体物理理论大多数错的) 还有 Galileo、Tycho 和 Newton 这三位了。由于这个原因，也由于我对物理学的熟悉程度更高，在这一节和下一节中，我主要用后面这三位的贡献为例来阐述动力学的视角和普适性的要求。

日常经验中，我们扔出去的东西总是要落回到地球上，而且 Galileo 还展示了这个落到地球上的过程有共性：不管质量多大，一般情况下，从同一个点开始放下，轨迹一样时间一样。这个共性自然就提示，在这个过程中可能有同一个因素决定了这样的运动。同样地，Tycho 和 Kepler 还展示了天体的运动也有共性。它们都是椭圆，不同星体的周期和“半径”存在着一样的关系。于是，自然，它们的运动也可能是同一个因素导致的。为了回答这样的一个因素有没有是不是同一个的问题，这我们自然要问，产生这样的运动——也就是状态变化的原因是什么。很多事物在静态状态上就有很多的共性。很多事物在状态的变化上有很多共性。很多事物在变化的原因上有共性。很多事物在原因到变化的联系上有共性。当在前一个层次看不到共性的时候，我们总是尝试看看后一个层次的共性。或者，当在前一个层次看到共性的时候，我们总是希望看看是不是后一个层次的共性导致的。Newton 就是沿着这样一个思路考察了地球表面物体的运动，把状态的原因归结为力。然后，把天体的状态变化的原因也归结为力，而且还进一步提出，让地面上的物体落下来的力和让天体转着跑的力是同一种，并且连原因到表现之间的联系——也就是运动方程都是同一个。在这里，统一导致地球上下落的力和导致天体转圈的力，统一运动方程，都是需要巨大的想象力和创造力，以及数学能力①的。这两个统一，在直接实验证据上，当时是不够的。因此，Newton 方程和 Newton 万有引力定律都是理论上巨大的跨越，还有为了实现这个跨越提出②和发展出来的微积分。因此，从这个角度来说，动力学的视角，可以看做我们认识世界的过程中追求更大程度的普适性的结果。

小结一下：动力学的视角在科学中的普遍性是因为有的时候静态问题也需要动力学分析来简化和讨论稳定性，有的时候是因为很多问题本身是演化的问题，还有的时候是因为我们希望从更高的层次看到共性。这个更高层次的共性，有的时候也叫做普适性。

## ■ 1.7　普适性：一个概念、原理、分析方法或者模型尽可能多地描述现象

原则上说，科学只需要给每一种现象都找到一个心智模型，并且通过这个心智模型得到的结果还能够和显示相符就可以。但是，通常科学还有一个潜在的要求：

① 指的是从现实中抽象和提出数学结构的能力，还有完成分析计算的能力。主要是前者。

② 微积分的另外一个提出者是 Leibniz。

希望用更少的原理和模型来解释更多的现象。有的时候这个也被称为普适性的要求。例如，关于打雷、下雨、闪电原则上我们可以存在一个雷公电母的理论，只要这个理论它能够与现代的基于电荷、气压、温度、湿度等物理量的气象理论给出大致相当的关于气象的预测、控制和理解就可以。但是，很有可能满足这些要求的雷公电母的理论必须是有户口的，也就是说，他们的脾气 (例如生气和高兴的条件) 是依赖于他们住在哪里。而反过来，我们却看见作为现代理论的基础的电荷、气压、温度等概念，不仅仅可以用来预测、理解和控制风雨雷电，还可以被用在内燃机的汽缸、电视、电话以及其他各种问题上，而且它们的行为不管什么情况都遵循同一个模型 (同一组方程)。

在上一节的 Newton 万有引力定律和 Newton 方程的例子中，我们就强调了：对普适性的追求是这些理论能够提出来的原因之一。当然，后来证明这个过程中提出来的微积分——我想这个可能当时不是为了追求普适性——其实普遍性一点也不比前两者差。在这个例子中，我们看到了对现象层次的相似性的关注，对状态变化的原因的层次的相似性的关注，对运动方程的相似性的关注，以及对计算分析方法的相似性的关注。这些不同层次的相似性或者说统一，一直是科学的主题。也就是说，科学不仅仅是一个个能够描述现实的心智模型的集合，还最好是相互有联系的，能够从最少的假设和概念当中构建起来的成系统的心智模型的集合。

当然，大多数时候，我们需要从表现上的相似性出发。于是，我们才有收集和分类生物或者矿物物种的博物学家，或者像 Mendel 这样通过实验来检验表观相似性以及探索表观相似性的深层原因的科学家。对于按照表现来得到的分类的进一步的思考，以及这些分类之间的联系的思考，才使得进化论和基于基因上的联系的研究能够被提出和发展起来。普适性就是指，在科学理论体系的构建过程中，追寻理论体系基于更少的原理和假设，追寻理论体系能够用于描述更多的实际现象。

同样，因为系统科学是科学，我们希望系统科学的分析方法，或者方程——如果将来还可能建立一套方程的话 (尽管我认为这个可能性很低)，也具有普适性。能够用来分析大量的具体系统。甚至，系统科学还能够发现看起来不同的分析方法之间的共性。这个我们称为相似性，以及相似性的相似性。一个好的科学家要善于发现系统之间在结构行为上的相似性，以及基于这个相似性提出来的有普适性的分析方法，甚至分析方法之间的相似性。

关于动力学视角和普适性的要求，我们将来会在具体研究实例中有更深刻的体会。同时，这里也强调一下数学物理的重要性：你可以看到我为了说明这两点，所用的例子大部分都是来自于数学和物理的。当然，一方面是我不太懂其他的学科就懂数学物理，另一方面，也是因为数学和物理在科学中的独特的地位。很多思想、概念、分析计算技术都和这两个学科的发展和具体研究有关系。

## ■ 1.8　作业

✍ **习题 1.1**　阅读 Gowers 的*Mathematics: A Very Short Introduction*[16](《数学是什么》)，做读书笔记 (总结、体会、概念图，体会可以结合自身经验)。

✍ **习题 1.2**　阅读 Mobus 的*Principles of Systems Science*[17](《系统科学原理》)，做读书笔记。

✍ **习题 1.3**　阅读 Beveridge 的*Art of Scientific Investigation*[22] (《科学研究的艺术》)，做读书笔记。

✍ **习题 1.4**　阅读 Einstein 和 Infeld 的*The Evolution of Physics: The Growth of Ideas from Early Concepts to Relativity and Quanta*(《物理学的进化》) 或者 Feynman 的*The Character of Physical Law*(《物理定律的特性》) 之一，做读书笔记。

✍ **习题 1.5**　课程项目：编写一个伽尔顿板的程序，要求实现原始的版本，并且可以调整左右偏的概率。

✍ **习题 1.6**　课程项目：阅读 word2vec 文献，搞懂原理，并利用已有工具包实现一下，作报告并展示结果.

✍ **习题 1.7**　课程项目：参考上面信息熵和编码长度的例子，请做一个信息熵和信道容量的可以用于教学展示的报告 (问题背景、问题数学化、解答、证明、检验或者使用举例、你自己的理解)。

✍ **习题 1.8**　课后阅读：

- Popper 的*The Logic of Scientific Discovery*[1](《科学发现的逻辑》)
- Bender 的*An Introduction to Mathematical Modeling*[36](《数学模型引论》)
- Anderson 的*More Is Different*[13]
- Haken 的*Synergetics. An Introduction*[37]
- Nicolis, Nocolis 和 Prigogine 的*Exploring Complexity*[38]

- Prigogine 的 *The End of Certainty*[39]
- Holland 的 *Complexity: A Very Short Introduction*[40]
- 赵凯华的《定性和半定量物理学》[34]

## ■ 1.9 本章小结

系统科学要么是关于系统的科学，要么就是具有系统的特点的科学。因此，在这一章中，我们首先讨论了什么是科学，科学和现实和数学的关系。科学对普适性的追求，科学的演化的动力学的视角，科学的可证伪性。所有的这些讨论，我们把都希望通过具体的研究工作的例子来展开，而不是纯粹理念或者哲学上的讨论。这些合起来，我们看到科学就是从现实中提炼数学结构以及把数学结构用于描述现实得到的一个尽可能普适的理论体系。然后，我们讨论了系统——什么是系统的特点。一般的系统是不存在的，因此，尽管系统科学可以看做对一般的系统的科学的追求，但是实际上总是通过对具体的系统的研究来实现的。那么，什么样的研究具有系统科学研究的特点呢？我们提到了相互作用，从直接联系到间接联系，涌现性和整体的视角，学科融合交叉，从具体系统到一般方法再到具体系统这几个特点。整体的视角不是说还原论就是不好的不对的，而是说，还原的分析和重新合起来这两个过程要随时结合起来，没有还原分析我们就不能能了解透彻，同时重新合起来有可能出现涌现性：合起来以后的系统的整体性行为有可能在拆分以后的系统的元素的层次上没有。

由于对具有共性的能够处理很多个具体系统的概念和分析方法的追求，导致系统科学这个学科很像数学。但是，系统科学和数学有非常大的区别，我们需要关心概念和分析方法和现实世界的联系，是否能够描述现实，而不仅仅是概念本身的发展。因此，从这个意义上说，更像物理学。以我自己的角度，我是把系统科学看做一个叫做广义物理学的东西：把数学结构用于描述传统物理学的研究对象之外的更多其他对象的具有系统特点的现象。

这两部分的系统的特点——相互作用导致的多体系统的涌现性和分析方法的一般性——合起来就是来自于 Anderson 和 Kadanoff 的合起来的 More is Different, More is the Same。我给它翻译了一下：多了就不一样，多了就会一样。或者更加文艺一点：一片两片三四片，构成系统出涌现；五片六片七八片，飞入系统都不见。

在实际教学中，主要是本章，加上的第一篇其他章节的一部分内容放在一起，其实，是我们《系统科学概论》课程的主要内容，主要是通过研究实例来展示和帮助学生体会什么是系统科学的。也就是说，就算不再看本书的其他章节，通过这一章，应该也可以大致体会到什么是系统科学。至少，这是我自己对这一章的要求。

2

第二章

# 一些具有系统科学特色的研究实例

第一章中，我们用研究工作来说明系统科学的系统性和科学性，系统的意味，以及什么是科学，科学和数学的关系。在这一章中，我们继续用系统科学的典型研究案例，其中大部分也可以看做是来自于问题所属的具体学科的研究，来体现什么是系统科学，尤其是整体的视角，相互作用，结构的产生，动力学的视角等。这一章可以说是对上一章在具体研究实例上的补充。

就像学习绘画等艺术，需要在欣赏大量的好的作品的基础上，做理论、思维和技法的总结和学习一样，学习系统科学，也需要在欣赏大量好的研究工作的例子的基础上，做理论、思维和分析方法的总结和学习，做什么是系统科学的思考。

## ■ 2.1　热寂说与开放系统结构的产生

孤立的物理系统有一个不可逆的演化方向——向着各向同性的均匀的状态演化。这一点将来我们会学习到，我们将来也会学习到在这里问为什么，为什么要问这个为什么[①]，以及前人已经做过的回答的尝试。在日常经验上，我们对此有深刻的体会。例如，在一个大水缸里面滴上一滴墨水，墨水就会扩散到整个水缸。把一盒子气体和另一个空盒子放在一起，过一会两个盒子都会有气体，并且基本上均匀分布。反过来，我们从来没有看到过水缸里面的墨水自动聚成一滴，两个盒子里面的气体聚到一个盒子而留下一个空盒子。我的书桌上的书随着我的使用通常只会越来越乱 (更均匀)，除非我有意整理，不会自动回到我上一次整理完成的状态。当我们把整个太阳系、银河系或者整个宇宙当做这样的一个孤立系统来考察的时候，我们发现，如果上面的这个有方向的演化是对的，我们将向着更加均匀，也就是更加没有结构——结构在这里指的是例如生命体这样的结构都是和周围的世界相比非常不均匀的东西，星球这个结构也是非常不均匀的东西——的世界演化。于是，宇宙就会进入到一个“寂静”的没有任何有结构的活动的状态，除了偶尔起一两个旋即又平静的波澜。物理学家们称这个说法为“热寂说”。

当然，在什么条件下，系统会向着这样的时间不可逆的方向演化，还是一个问题。我们稍微讨论一下这个问题，尽管这个不是我们在这里讨论这个例子的重点

---

① 物理理论里面的经典系统和量子系统的运动方程都是可逆的，不存在一个特定的演化方向，也就是不存在演化终了的某个定态。实际日常生活中感受到的孤立系统大多数时候是正则系综的系统，称为正则系统。正则系统和外界存在能量交换。以后统计物理学会学习到正则系综的概念。

(在这里，我们是用这个例子做对比背景来突出结构的产生这个系统科学的主题之一)。经典或者量子的演化方程本身都是时间可逆的，于是，完全存在着各个气体分子又聚在一起的可能性。研究者们也做了一些尝试，来回答这些问题。其中一个很好的答案是熵——一件事情发生的可能性的多少或者说一个状态对应着微观状态的多少，熵大的状态更容易出现。用这个视角我们来看气体重新回到一个盒子：我们需要气体分子们的运动方向相互协调才行。这个协调需要它们的初始速度相互协调，例如集体从右到左，还不能考虑容器壁的碰撞。反过来，基本上任何一种“乱”的初始速度容器壁的反弹甚至气体分子们的碰撞都可能导致两个盒子都有气体。于是，尽管理论上存在聚在一起的可能性，但是这个可能性出现的几率远远小于各向同性的可能性。

那么，好吧。既然如此，结构是如何产生的呢？我们的星体大概是从星云中演化出来的。我们自己大概是从低等生物进化而来的，低等生物有可能是从非生物界中诞生的。这些都是世界出现结构越来越不均匀的演化。按照热寂说，或者说熵变大的方向演化的说法，这些都不应该出现啊。这个问题困扰了一代又一代的物理学家、复杂性和系统科学的研究者，甚至哲学家。Haken[37] 和 Prigogine[41] 各自的工作提出了一条可能的出路：在局部环境中形成一个开放系统可以使得结构从没有结构中产生。这里我们简短地讨论三个典型的例子：激光、Bénard 流 和 Belousov-Zhabotinsky 反应。顺便，强烈推荐阅读上面两本书 [37,41]。实际上，本书的目标之一，就可以看做帮助你能够真的欣赏和理解这两本书。

激光是一束处于同一频率的沿着同样的方向出射的大量光子 (图 2.1)。一般来说，像白炽灯这样的光源产生的是处于某个波段范围内各个频率都有的向着各个方向出射的大量光子。大致来说，白炽灯的光是通过电子跃迁释放光子得来的：电流使得钨丝发热，发热的钨丝里面有大量的处于各种不同的高能激发态的电子①，这些电子会向着低能态跃迁，这些跃迁释放光子。由于到底处于哪一个高能态，到底跳到哪一个低能态都具有多种可能性，光的频率和方向就不是一致的。那么，激光光源是如何实现这个同频率同方向的呢？激光里面有两样关键的东西——激光材料和激光腔 (例如一对平面镜之间的空间) 和一个关键概念——受激辐射。容易被激发的激光材料保证拥有处于高能态的电子的原子比较多。注意这个时候系统需要外界能量的输入来维持这个高能态的粒子比较多的状态。然后，这个时候偶然

① 能态的概念可以在量子力学部分学习到，或者参考其他量子力学书籍。[28]

产生的光子们就会向着各个方向出射。其中正对着两面镜子的光子会被反射，从而在激光腔里面再一次通过。当一个处于高能激发态的电子遇到一个频率相配 (这个高能态电子跃迁到某个低能态释放的光子的频率和这个遇到的光子相同) 的光子的时候，电子会倾向于释放和这个遇到电子一样的光子。这就是受激辐射。于是，在两面镜子之间来回反复跑的光子就有可能可以激发更多一样的频率和方向的光子。于是，我们就得到了大量的方向一致频率相同的光子。当然，为了得到出射激光，某一面平面镜需要漏光才行。漏出来的光就是激光。为了平衡这个漏出来的激光，整个系统需要从外界吸收能量。

Nd:YAG (掺钕钇铝石榴石)固态激光

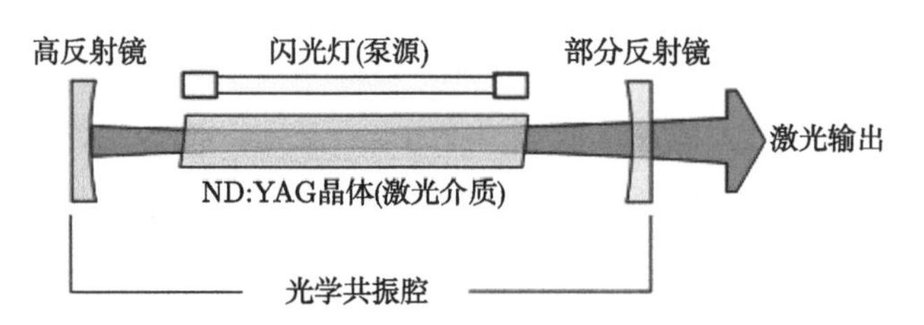


图 2.1　激光工作原理示意图，由 Lakkasuo 制作，图来自于 Wikipedia "Laser construction" 词条。

在激光这个例子中，我们看到，有序——激光器的大量同方向同频率的光子——从无序——白炽灯的各个频率方向的光子，并且在激光中产生光子的原理本身和白炽灯的没有区别——中产生。在这个例子中，受激辐射和外界能量供给，是系统能够出现结构的原因。和外界交换能量或者物质的系统，就称为开放系统①。基于对激光的研究，以及其他结构产生现象的研究，Haken 开创了"协同学"，认为局部环境中的开放系统以及这个系统下个体的协同行为——在这里是由于受激辐射和光在激光腔里面来回来去地反射形成的一致性——是结构从无结构中产生的原因。

第二个结构产生的例子是 Bénard 流。对一个容器中的水加热——上下两层都加热 (或上层降温，或者上层开放) 但是温度不一样，在到达水的沸点之前当温度差达到一定的大小，容器中的水就不再是静止的了，而是形成一定的运动斑图 (Pattern)。例如图 2.2 中的蜂窝状花样。这些花样的边界实际上是由于水的有规律

① 以后在统计物理学中，我们会有更加明确的定义，更加细致的区分。

的对流造成的。水在这些边界上上下流动，从而达到更好地从高温端到低温端输运能量的目的。在这里，系统也需要跟外界交换能量。在温度差比较小的时候，通过热传导已经能够比较好地输运能量了。因此，整体上水面保持静止，尽管实际上这个时候水分子还是各自在独立地运动的。当温度差大到一定程度，系统就会发现，实际上，整体协调运动，才是更加有效的输运能量的途径。也正是这个需要系统的各个元素——这里是水分子——协调运动的特征，Haken 称之为协同学。

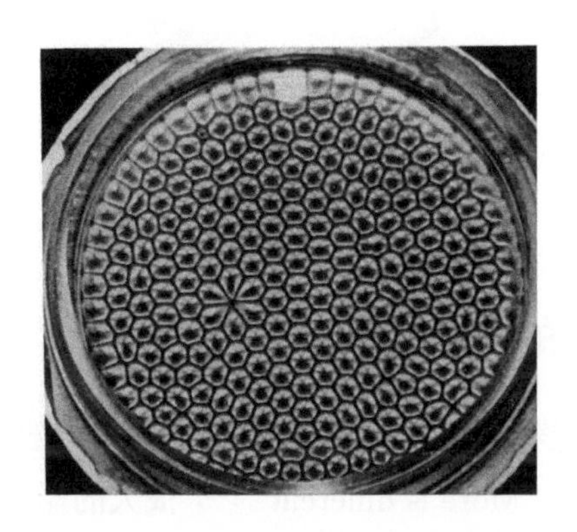

图 2.2 硅油的 Bénard 流斑图，图来自于文献 [42]。

第三个例子是 Belousov-Zhabotinsky 反应：在稀硫酸水溶液中发生铈催化的丙二酸被溴酸盐氧化的反应。这个反应在一定条件下会出现空间不均匀的斑图，时间上周期性的规律。反应的方程式和动力学方程就不在这里写出来并计算了。具体来说，这个反应动力学可以是不包含空间信息的平均场的种群动力学形式的方程，也可以是包含空间信息的反应扩散方程。Prigogine 等对这个反应简化以后的三分子动力学模型，也称为 Brusselator(布鲁塞尔子)，可以用来定性解释这个实验现象。在这里，反应物需要外界输入或者取出——于是这个系统是一个开放系统来维持这个时间空间不均匀的斑图。可以证明，在一定条件下，空间时间均匀的状态成了这个系统不稳定的定态，而带有时间空间斑图的状态成了系统稳定的状态 (图 2.3)。

当然，这个“局部环境下的开放系统在系统的元素相互协调作用的条件下状态的稳定性发生变化从而导致结构产生”的出路没有解决根本问题：把整个宇宙当做一个系统来看呢，是不是还是向着更加均匀的方向演化呢？我们也没有说，这个是唯一的出路。结构到底如何从没有结构产生的，仍然是一个问题。但是，在局部系统上，这毕竟给出了一条结构产生的可能的道路。

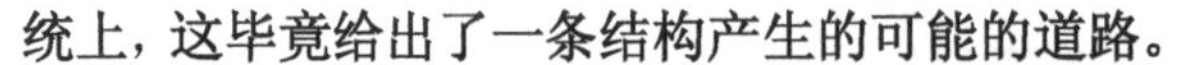

图 2.3　Belousov-Zhabotinsky 空间斑图，图来自于 Stephen W. Morris 的 Flickr 网页，https://www.flickr.com/photos/nonlin/4297013382，2018 年 4 月 1 日访问。

## ■ 2.2　整体运动的激发模式，涌现

这一节我们来讨论整体运动的激发模式以及更加一般的涌现性。这一节在思想上受 Anderson 的文章“More is different”[13] 很大的影响。

我们先来看看物体的运动形式。一个不计大小和形状的物体的运动形式只能是平动：任何时候物体上任意两点的运动状态 (速度) 都一样。考虑了形状之后但是形状固定的物体可以做转动：物体的有一部分可以围绕着另外一部分旋转，但是任意两点之间的相对位置不变。如果形状可以变，则还可以振动：物体上各个点的相对位置也可以变化。如果一大堆振动物体放在一起，则还可以出现波这种整体运动。实际上，第一种情况成为质点的运动，第二种情况称为刚体的运动，第三种情况称为弹性介质的运动，第四种称为固体或者流体的波动。实际上这里这些不同的运动形式可以看做一个系统不同的运动模式被激发。一个真实的小球，尽管是固体但不是刚体，可能这四种运动模式都会被激发。当然，有的时候平动最容易被激发，振动最难，能量要求不一样。了解了这个运动模式的激发，或者说涌现之后，我们再来看更一般的涌现，学科的涌现——一个更加上层的学科和它的底层的学科的关系。

绳子上的波我们都见过，拿一根跳绳用的绳子抖动一下就可以看到。当然，你自己观察和尝试会发现，并不是所有的抖动效果都相同：有一些频率的抖动可以更加容易激发波。不过，如果你迅速地没有特定周期规律地抖动绳子，也能看到别的现象，例如绳子上的孤子波：一个小小的鼓包沿着绳子在传播，鼓包的形状不太发

生变化。如果另一边还有一个人在抖动绳子产生另一个孤子波，没准你还能够看到两个孤子波如何相互碰撞。一般的波动形状都是要扩散开去的，不一定能够保持很长时间。为什么孤子波会保持形状并且转播而不扩散呢？实际上这个背后的原因是它们所满足的是非线性波动方程，而不是一般的线性波动方程。如果你想了解更多可以通过检索“KdV 方程和孤子”，或者参看这本书 [43]。在这里，我们仅仅讨论线性波动方程，来体现一旦我们关心多个个体的整体运动，那么，我们可能会看到单个个体里面看不到的运动模式。

✍ **习题 2.1** 课程项目：观察孤子波。检索和阅读孤子波的一些文献，然后自己想办法产生和观察孤子波，并且录像。如果能够提供一个计算分析的解释就更好了。

首先，我们从最简单的谐振子的运动方程开始。这一节需要用到Newton 力学的知识，$\vec{F}=m\vec{a}=m\ddot{\vec{x}}$，还有矩阵本征向量，以及最简单的线性常微分方程的知识。这些知识都可以从相应的教材或者在后面的章节里面找到。

**例 2.1**(简谐振子的运动方程) 一个固定长度为 $l_0$ 弹性系数为 $k$ 的轻质 (重量忽略不计的意思) 弹簧左端固定在墙上右端连着一个质量为 $m$ 的小球。小球先拉开一段距离 $A$，不动。松开手以后，小球将如何运动？

以弹簧的左端为原点，指向弹簧的右端为正方向建立一个一维的坐标系，坐标记为 $x$。小球在 $x$ 点的时候，受到的力是 $F=-k(x-l_0)$。按照 Newton 运动定律，其运动方程是 $-k(x-l_0)=m\ddot{x}$。做变量替换 $u=(x-l_0)$，并用 $\ddot{u}=\ddot{x}$，得到 $-ku=m\ddot{u}$，也就是 $\ddot{u}=-\dfrac{k}{m}u$。这个微分方程有通解 $u(t)=a\sin\left(\sqrt{\dfrac{k}{m}}t\right)+b\cos\left(\sqrt{\dfrac{k}{m}}t\right)$。考虑到初始条件 $u(0)=A,\dot{u}(0)=0$，我们得到 $u(t)=A\cos\left(\sqrt{\dfrac{k}{m}}t\right)$，也就是 $x(t)=A\cos\left(\sqrt{\dfrac{k}{m}}t\right)+l_0$。

这个问题的解决和这个方程的求解非常简单。现在，我们可以考虑一个稍微复杂一点的问题：一根弹簧连着的两个小球的运动。

**例 2.2**(两个小球的简谐运动) 一个固定长度为 $l_0$ 弹性系数为 $k$ 的轻质 (重量忽略不计的意思) 弹簧左右两端都连着一个质量为 $m$ 的小球。两个小球先拉开一段距离 $A+l_0$，不动。松开手以后，两个小球将如何运动？

以弹簧的初始时刻的中间位置 (也可以选择初始时刻的左端位置，不过将来写起来更复杂) 为原点，从弹簧的左端指向右端为正方向建立一个一维的坐标系，坐标记为 $x$。左边小球的位置记为 $x_1$，右边小球的位置记为 $x_2$。这个时候，两个小球的运动方程是

$$\begin{cases} \ddot{x}_1 = -\dfrac{k}{m}(x_1 - x_2 - l_0), \\ \ddot{x}_2 = -\dfrac{k}{m}(x_2 - x_1 + l_0)。\end{cases}$$

做一个变换 $X = x_1 + x_2, x = x_1 - x_2 + l$，我们得到

$$\ddot{X} = 0, \quad \ddot{x} = -2\frac{k}{m}x。$$

于是，$X$ 简单，匀速运动；对于 $x$，我们回到一个振动小球的情况，仅仅是典型频率产生了变化 $\sqrt{\dfrac{2k}{m}}$。

也可以用更复杂但是更加具有通用性拓展性的方法。做变量替换 $u_1 = x_1 + \dfrac{l_0}{2}, u_2 = x_2 - \dfrac{l_0}{2}$，得到，

$$\begin{cases} \ddot{u}_1 = -\dfrac{k}{m}(u_1 - u_2), \\ \ddot{u}_2 = -\dfrac{k}{m}(u_2 - u_1)。\end{cases}$$

也就是

$$\ddot{\begin{bmatrix} u_1 \\ u_2 \end{bmatrix}} = \frac{k}{m}\begin{bmatrix} -1 & 1 \\ 1 & -1 \end{bmatrix}\begin{bmatrix} u_1 \\ u_2 \end{bmatrix},$$

也可以记为矩阵和向量符号的方程

$$\ddot{u} = Au。$$

接着我们希望把这个矩阵方程变成例 2.1 中的单个小球的运动。我们来做一个线性变化把矩阵分解成两个本征运动模式，也就是矩阵的本征向量所代表的模式。这个矩阵的本征向量很好求，分别是本征值为 0 的本征向量是 $\dfrac{\sqrt{2}}{2}\begin{bmatrix} 1 \\ 1 \end{bmatrix}$，本征值为 $-2\dfrac{k}{m}$ 的本征向量是 $\dfrac{\sqrt{2}}{2}\begin{bmatrix} 1 \\ -1 \end{bmatrix}$。于是，定义变换矩阵

$$U = \frac{\sqrt{2}}{2}\begin{bmatrix} 1 & 1 \\ 1 & -1 \end{bmatrix}。$$

可以验证

$$U^T U = I = U U^T。$$

定义

$$\tilde{u} = U u,$$

于是，

$$u = U^T \tilde{u}。$$

现在把这个代入到矩阵和向量符号的方程中，我们得到

$$\ddot{u} = U^T \ddot{\tilde{u}} = A u = A U^T \tilde{u} \Rightarrow \ddot{\tilde{u}} = U A U^T \tilde{u} = \tilde{A} \tilde{u},$$

其中，由于 $U$ 正好就是使得矩阵 $A$ 对角化的其本征向量构成的矩阵 (这其实就是为什么之前需要先求解 $A$ 的本征向量)，$\tilde{A}$ 成了对角矩阵，

$$\tilde{A} = \begin{bmatrix} 0 & 0 \\ 0 & -2\frac{k}{m} \end{bmatrix}。$$

于是，在 $\tilde{u}$ 的变量下，方程成了

$$\begin{cases} \ddot{\tilde{u}}_1 = 0 \cdot \tilde{u}_1, \\ \ddot{\tilde{u}}_2 = -2\frac{k}{m} \cdot \tilde{u}_0。 \end{cases}$$

于是，我们得到了和例 2.1 类似的方程，也知道了，在本例的另一种解法中为什么需要引入之前的那个线性变换：$\tilde{u}_1$ 就相当于 $x_1 + x_2$(差一个系数)，$\tilde{u}_2$ 就相当于 $x_1 - x_2 + l_0$(差一个系数)。

进一步求解并且写下来符合初始条件的解的形式，在此就略过了。

需要注意的事情，就是，之前是一个简谐振动的运动模式，现在成了两个运动模式：一个匀速平动，一个是更高频率的简谐振动。

下面，我们来思考有很多个小球用弹簧连着的情况。考虑一根绳子、一个平板或者一块固体上的可能的运动。我们把绳子看做好多个小球通过介质连在一起形

成一个一维的系统，把一块平板看做好多个小球通过介质形成一个二维的系统，把通常的固体看做好多个小球通过介质形成一个三维的系统。当然，在这里，介质就是绳子自己。只不过，用这样的角度来看问题，我们可以借助有限个小球的系统来理解无限个小球的系统。在绳子上，我们经常可以看到波——一个个鼓起来的包沿着绳子传播。我们看看是否真的是某种东西在传播。我们很容易在绳子上把波制造出来：把绳子的一端固定，抓住绳子的另一端，别拉得太紧让绳子松弛下来，轻轻地小尺度上下振动。你可以尝试快点或者慢点振动，但是，保持振动尺度比较小。绳子上的每一个小段都在上下振动，没有任何一个点实际上在沿着绳子传播。尽管有的时候，看起好像一个鼓包从一端传递到了另一端。大多数时候，绳子会小幅度不太协调地运动。在合适的条件下，绳子振动的幅度会变得特别大，而且好像整个绳子在协调一致地运动。如果你亲手尝试一下把这样的协调一致大幅度的振动制造出来，你会更加深刻地体会到什么因素比较关键：你在绳子一端振动的频率也就是快慢最关键。实际上，你是希望绳子上的振动传播到另一端并且被另一端“反弹”回来之后的整个过程是相互加强的而不是相互抵消的。相互加强就会看到整体协调的大幅度振动，相互抵消就会看到绳子比较杂乱的小幅度振动。换一个角度，我们看到：每一个绳子上的小球 (或者说绳子上的每一个小段) 都在做上下振动，而没有沿着绳子传播，但是有的时候它们相互协调形成了大幅度的“波”，有的时候比较独立地做小幅度运动。从个体的运动到整体的波，这个就叫做整体运动的激发模式，也叫做涌现性。

实际上，我们可以通过计算来对此有更加深刻的体会。通过对绳子上的某一段做受力分析，然后运用 Newton 第二定律，我们可以推导出来，绳子上的运动——用处于 $x$ 的一小段在 $t$ 时刻的为止 $u(x,t)$ 来描述，符合波动方程①，

$$\frac{\partial^2 u}{\partial t^2} = c^2 \frac{\partial^2 u}{\partial x^2}。 \tag{2.1}$$

对于这个运动方程，我们可以做 Fourier 变换，直接写出来通解，

$$u(x,t) = \sum_n c_n \sin\left(\frac{n\pi}{L}x\right)\cos\left(\frac{cn\pi}{L}t\right)。 \tag{2.2}$$

其中我们已经用了合适的初始条件和边界条件来简化我们的通解。在这里，它们是

①具体推导见力学部分。

$$u(x,0)=f(x), \tag{2.3}$$

$$\dot{u}(x,0)=0, \tag{2.4}$$

$$u(0,t)=0=u(L,t)。 \tag{2.5}$$

第一项表示一开始系统有一个初始位置，其中有的地方不为零。第二项表示任何一个地方的初始速度为零。第三项表示绳子的两端完全被固定，因此位置的值等于零。当然，实际上，我们上面的情景中，只固定了一个端点，另外一个端点实际上被我们在驱动。当然，对于这个情况，我们也能写下方程并求解，不过会复杂很多。在这里，由于在发生协调一致波动的时候，振动的幅度远远大于手驱动的幅度，并且我们仅仅关系为什么以及在什么条件下这样的协调一致波动会出现的问题，我们认为驱动端点的振动可以忽略。

我们再来看现在写下来的通解，看起来好像是一群振幅不一样但是相互协调的小球的振动——处于 $x$ 处的小球的振幅是 $c_n\sin\left(\frac{n\pi}{L}x\right)$。此外，振动的频率也变成了一系列可能值 $\omega_n=\frac{cn\pi}{L}$。我们也可以换一个角度来看这个通解：好像是每一个由 $n$ 所标记的运动模式 $\sin\left(\frac{n\pi}{L}x\right)\cos\left(\frac{cn\pi}{L}t\right)$ 的相互叠加，叠加的比例是 $c_n$。后者这个运动的模式不再是在单个小球的层面了，而是一个集体波动的模式，函数形式里面既有 $x$ 还有 $t$。这两种视角，对于绳子上的小球的问题来说，都是可以用的，而且没有太大区别。但是，对于将来更加复杂的问题，后者更具有优势：它看起来就是不同频率 $\left(k_n=\frac{n\pi}{L},\omega_n=\frac{cn\pi}{L}\right)$ 振动的“小球”——这里的小球就是指这个特定 $k_n,\omega_n$ 的模式——的直接相加，而不再看得见真实的用绳子连着的小球了。把看起来有相互作用的问题转化成为一个看起来无相互作用的问题，总是一件令人愉快的事情：无相互作用系统的处理要远远比相互作用系统简单。因为这个原因，我们以后称绳子上的小球的问题为无相互作用系统。这也提示我们，有的时候看起来有相互作用的系统并不是真的有相互作用的，只要你找到合适的看问题的角度。

绳子连着的小球的运动可以用多个独立的振子来描述这个现象——或者说看问题的角度——就称为“准粒子”，从真实的多粒子的系统中涌现出来的准粒子。以后我们会介绍精神上和这个例子类似的其他的涌现性的例子。例如上一小节中提到的有结构的状态从均匀状态中出现，也称为涌现性。在更加复杂的系统中，这些代表的基本运动模式的准粒子之间可能还存在着相互作用。以后我们会在Green函数部分遇到。不管如何，这个用一个系统的基本运动模式的角度来重新看这个系统的角度，是具有一般意义的。例如传统超导理论中的这样的准粒子就是通过交换声子而结合在一起的两个电子构成的近独立玻色子，而超导状态就是这些近独立玻色子的玻色爱因斯坦凝聚态，于是才会导致电阻的消失。

在相互连在一起的多体系统中寻找整体运动的基本模式，或者说，总是有一些整体运动的基本模式从相互连在一起的多体系统中出现，就被 Anderson 称为 “More is different” (多了就不一样)[13]：新的模式会在多体问题中涌现出来。

关于波和振动，我们还可以看到更加丰富多彩的现象。例如图 2.4 的 Chladni 斑图。在整体运动模式 $\sin\left(\frac{n\pi}{L}x\right)\cos\left(\frac{cn\pi}{L}t\right)$ 中，除了两个端点，$x=\frac{L}{n}$ 的地方也是不动的。这样的不动的地方就称为“节点”。如果是一个二维平面，那么这样的节点就有可能可以连起来组成节点线，当然也可以是分立的节点。在一个振动的二维平面上撒上沙子，然后沙子聚集的图像就显示了节点线。这样的节点线，根据振动模式的不同，可以展现出来非常震撼的图形。有兴趣的读者可以通过检索“Chladni Pattern”找到这样的图片和视频。网上有很多。例如这个叫做 Cymatics 的网站①有非常炫的 Chladni 斑图和音乐相结合的视频。

在 ECHO – Cultural Heritage Online 网站②上可以找到 Chladni 的原文 [44]，里面有他手绘的斑图。这里选取了其中的一张，见图 2.4。Chladni 斑图的解释是这样的。考虑二维空间上波动的一般解，

$$u(x,y,t)=\sum_{mn}A_{mn}\sin\left(\frac{m\pi}{L}x\right)\sin\left(\frac{n\pi}{L}y\right)\cos\left(\frac{E_{mn}\pi}{L}t\right), \tag{2.6}$$

其中 $A_{mn}$ 就是这个由一对正整数 $(m,n)$ 所标记的整体振动模式前面的而系数，表示这样的振动模式在最终的振动中占有的成分为多少；$E_{mn}$ 是这个振动对应着的能量是 $(m,n)$ 的对称函数——交换 $m$ 和 $n$ 之后，能量值不变。

在实际观测到的 Chladni 斑图中，由某一个能量驱动在某一组初始条件 (例如初始速度都是零，初始位置在平面上有一个分布) 和边界条件 (例如振动盘的四周

① http://nigelstanford.com/Cymatics/，2018 年 2 月 1 日访问。
② http://echo.mpiwg-berlin.mpg.de/MPIWG:EKGK1SP1，2018 年 2 月 1 日访问。

都固定或者都自由) 下产生振动，可以看做是这样的叠加，

$$
\begin{aligned}
u(x,y,t) = \sum_{mn} \bigg( & A_{mn} \sin\left(\frac{m\pi}{L}x\right) \sin\left(\frac{n\pi}{L}y\right) \\
& + B_{mn} \sin\left(\frac{n\pi}{L}x\right) \sin\left(\frac{m\pi}{L}y\right) \bigg) \cos\left(\frac{E_{mn}\pi}{L}t\right)。
\end{aligned}
\tag{2.7}
$$

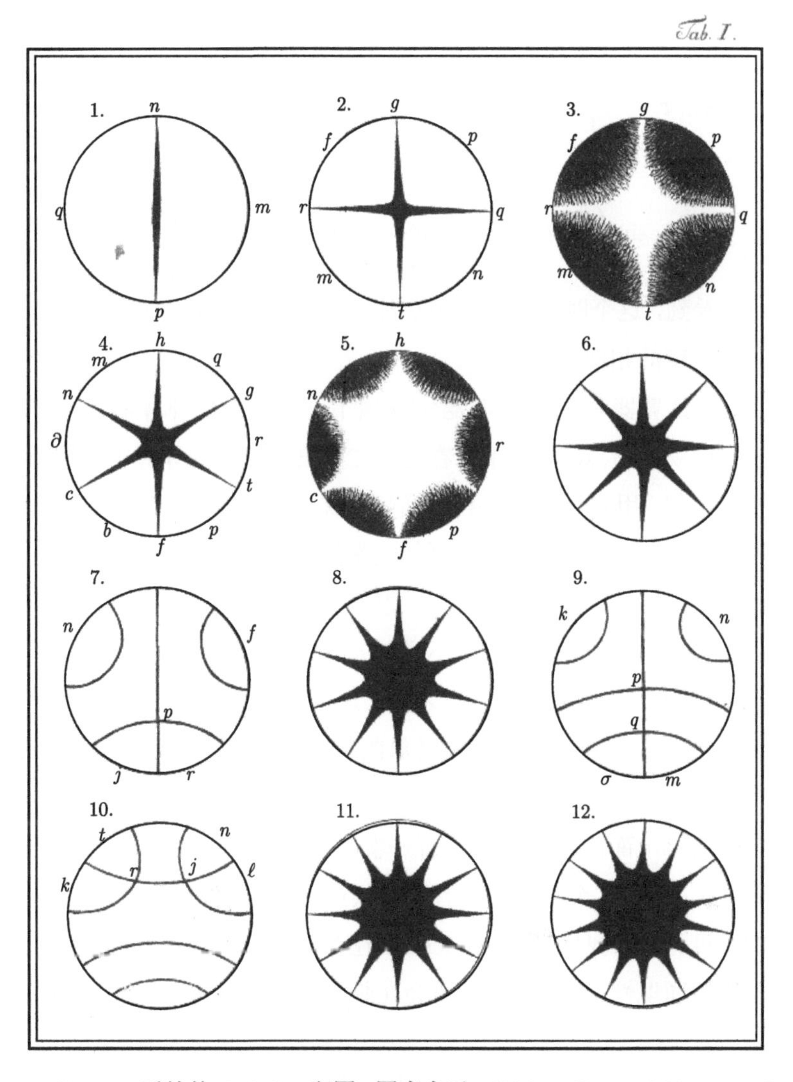


图 2.4 Chladni 手绘的 Chladni 斑图，图来自于ECHO – Cultural Heritage Online 网站上的原文[44]。

相当于把同样的能量 $E_{mn}$ 振动模式合在一起看。物理上的原因是，这个振动的驱动器一般控制这振动频率，也就是能量；给定能量以后，能够激发起来的振动模式都会被激发。于是，要加在一起，当然，按照相应的比例系数 $A_{mn}, B_{mn}$。例如，当在某一个能量也就是频率下，仅仅 $m=3, n=2$ 激活的时候，对于 $A_{3,2}=1, B_{2,3}=0$ 的情况，我们得到节点线方程为

$$0=\sin\left(\frac{3\pi}{L}x\right)\sin\left(\frac{2\pi}{L}y\right), \tag{2.8}$$

也就是节点线在 $x=\frac{pL}{3}$ 以及 $y=\frac{qL}{2}$ 的地方。它们构成一系列方格线。对于 $A_{3,2}=0, B_{2,3}=1$ 的情况类似。对于 $A_{3,2}=1, B_{2,3}=1$ 的情况复杂一点，有

$$0=\sin\left(\frac{3\pi}{L}x\right)\sin\left(\frac{2\pi}{L}y\right)+\sin\left(\frac{3\pi}{L}x\right)\sin\left(\frac{2\pi}{L}y\right), \tag{2.9}$$

我们从图 2.5 看到，这个时候得到的节点线会稍微丰富多彩一点，和上面 Chladni 的原图就有了一定的相似性。

在 Desmos 计算器① 网站上我给大家做了一个节点线计算器，你可以调整其中的参数来自己观察节点线的变化。在这个 Chladni 斑图的计算中，我们实际上仅仅用到了波动方程，用到了波动方程的通解，以及节点线的定义。当然，用波动方程来描述 Chladni 斑图是一个简化，更加完整的理论可以参考文献 [45]。

在初看这个 Chladni 斑图的时候，很难想见这么复杂的图形尽然可以通过如此简单的方程 (波动方程) 和解 (不同的基本整体振动模式) 来解释②。因此，本小节除了说明整体运动模式的涌现之外，还展示数学和科学的关系——科学就是用最简单恰当的数学来描述对象和对象的行为。当然，有的时候这个描述并不唯一。

我们已经通过上面的例子看到当有一群个体放在一起的时候，有可能会出现整体的运动模式，而且这个整体模式有的时候可计算，也给我们提供了一个看问题的更简单的角度。下面我们来用 Anderson 在“More is different”里面的例子来讨论一下更一般的涌现性。将来，我们还会在临界现象里面再一次讨论涌现性。

① https://www.desmos.com/calculator/xhodxpg18r，2018 年 2 月 1 日访问。

② 实际上，由于考虑到边界条件和盘子的厚度，还有不均匀性，描述盘子上的波的方程比波动方程复杂，见文献 [45]。

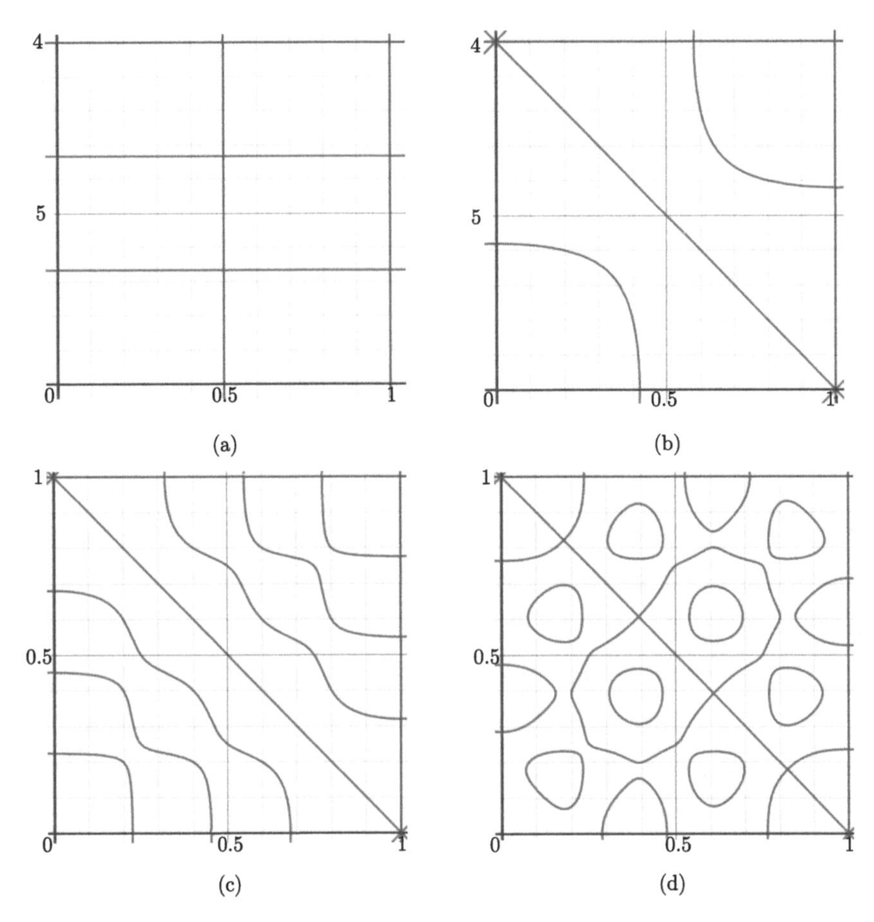


图 2.5 (a) 理论上计算出来的 $A_{32}=1$ 其他模式的系数都等于零时候的节点线；(b) $A_{32}=1, B_{32}=1$；(c) $A_{54}=1, B_{54}=1$；(d) $A_{94}=1, B_{94}=1$。

我们知道物理学，尤其是粒子物理学，是研究这个世界最最基本的组成单元，也就是基本粒子的。我们的梦想是这样的基本单元越少越好——例如只有一种，不同的物质、物体都是它们的组合方式的效果。最好这个组合方式，也就是相互作用的种类都是越少越好——例如只有一种。当然，现在离这个梦想还有点距离。于是，原则上说，这个世界的一切的丰富多彩的根基都应该是物理学。那么，是不是真的有一天解决了物理学的问题，其他的学科就都没有必要了呢？其他学科可以成为由物理学这个最基本的学科“导出”的学科了呢？当年大学本科的时候，我就是这样想的。例如，化学主要就是核外电子的运动的结果，而核外电子的运动的基础理论当然就是量子力学了。因此，所谓化学这个学科只不过就是“应用量子力学”罢了。我的化学专业的同学总是每每拿我这个大物理学的视角没有办法。学了《系统科学》之后，开始意识到，其实每一次从更基本理论“推导出来”更应用的理论的时候，都存在着一个跳跃。这个跳跃被 Anderson 称为对称破缺。

例如，可以认为空间本身是旋转对称的，Newton 方程和 Schroedinger 方程也是旋转对称的。于是，你可能猜测所有的方程的解，以及系统的状态都是旋转对称的。当你真的开始求解一个例如氢原子的 Schroedinger 方程的本征态和任意时刻所处的状态的时候，你会发现违反旋转对称的状态。这个很奇怪，为什么会有以及需要这样的违反空间本身的对称性，还有方程的对称性的状态呢？后来，你接触到电场和磁场中的氢原子就会知道，其实不奇怪，那里的外界电场和外界磁场，会诱导出来那些违反空间和方程对称性的氢原子的状态。而且，你可以想象一下，如果初始状态是空间旋转对称的也没有外界的电场或者磁场来破坏这个对称性，那么，系统将来的状态会一直保持旋转对称。也就是说，旋转对称这个事情在氢原子上是一个守恒量。换句话说，就算某个状态具有某个非对称的状态的分量，那么，同时这个状态就会有一个跟这个非对称的状态具有相反的方向性的状态的分量，于是整体合起来，还是对称的。也就是说，具有破坏对称性的本征态不是问题，需要看最后的组合。当外界条件没有破坏对称性的时候，这些组合会自动平衡，于是保持对称性。这里我们看到了：第一、对称破缺的本征态是存在的。第二、没有外界条件破坏这个对称性的时候，这个本征态上的对称破缺不会导致实际某个时刻的状态违反空间和方程的对称性。于是，看起来，好像空间和方程的对称性，尽管得到了本征态的破坏，但是整体是得到保持的。那么，是不是所有的系统的实际时刻的状态都会保留下来空间和方程的对称性呢？如果是这样，那么，这个世界就会无趣很多，各样东西在没有外界干扰的情况下，都长得应该像个“球”。

有一张图能够很好地反映这样的对称破缺：系统和外界是具有整体对称性的，但是，在某些条件下出现了不满足这个对称性的状态。这就是著名的墨西哥帽，如图 2.6。想象一个小球放在这个帽子上。这个帽子整体来说是满足旋转对称性——各个方向都一样——的。于是，小球的运动方程也是旋转对称的。假设小球一开始不动，于是，初始条件也是旋转对称的。你可能觉得，将来出现的运动也应该是满足旋转对称的。实际上可以用一个碗和一个玻璃弹珠就可以演示这个对称破缺。其实，我们往往会观察到小球从某一个方向上从帽子上滚下来。

小结：在一个相互影响的多个个体构成的系统中很可能出现整体运动模式。涌现是非常普遍的现象。涌现和对称破缺往往是联系在一起的。对称破缺会使得结构从没有结构 (各向同性) 中产生。

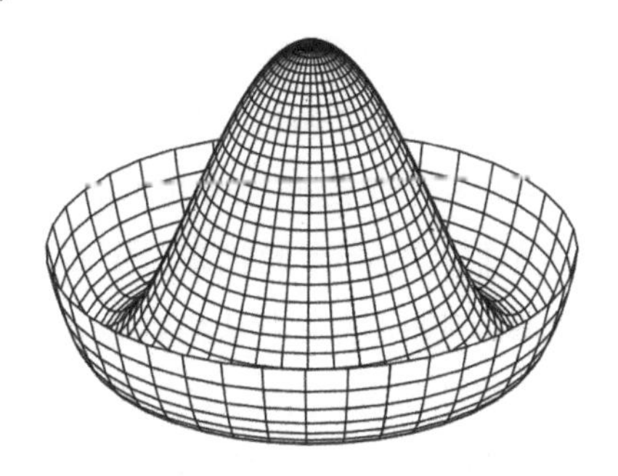

图 2.6 用墨西哥帽来展示对称破缺：整体 (环境、运动方程和初始条件) 都是旋转对称的，但是，在一个随机扰动下，每次出现的小球下落的轨迹，只能是其中的某一个方向。原作者 RupertMillard，图来自于 Wikipedia “Spontaneous symmetry breaking” 词条。

## ■ 2.3 相变与临界性的例子

相变，粗糙地说，就是一个系统的整体状态的发生了变化。整体状态可能可以用某一个指标来表示。例如，水变成冰，是从液体到固体的变化。液体和固体的整体密度一般来说不一样。实际上，在固体物理学和统计物理学看来，不仅仅是整体平均密度不一样，实际上固体具有长程序——固体有叫做晶格的固定结构知道这个晶格的一部分很容易推断出来这个晶格的相隔很远的其他部分，液体具有短程序——尽管液体没有晶格但是提起来一部分液体会有其他液体随着这部分液体也被提起来，气体基本没有这种带距离的序——每一个气体分子的行为基本上就是独立的。将来我们还会定义一个更加科学的叫做关联尺度的量。大概来说，关联尺度就是，一个点的振动或者状态变化，多大程度上会引起相距多远的另外一个点的振动或者状态变化。后者在概率论和统计学上叫做关联函数。关联长度大概来说就是关联函数的特征长度——大于这个长度的情况下关联性比较小，小于这个长度的时候关联性比较大。从这里，我们看到了态、序、关联长度、关联函数等几个关键词。这些关键词后面还有相对应的分析方法，甚至一些典型的例子。那么，作为系统科学，我们为什么要来学习这些有关相变的典型概念、典型分析方法和典型例子呢？

因为尽管这些典型例子大多数来自于物理学，其实大量的系统而不仅仅是物理系统中存在这相变这个现象，并且这些概念和分析方法有可能可以用来研究这样的存在这相变的更加一般的系统。例如，集会中人群从相对独立的状态变成一个相互拥挤踩踏的状态或者一个有序地朝着某个方向运动的状态。例如鱼群或者鸟群变换队形，或者从相对比较独立的状态变成有队形的状态。例如，股市中的股民从相对独立决策的状态变成羊群行为严重的状态，或者股票从基本独立地上涨下跌变成大面积同涨同跌的状态。例如，消费者从相对独立地决定购买哪一种手机的状态变成集中购买少数几种手机的状态。例如，砂石从山坡上偶尔滑落到变成大面积滑坡的状态。例如，传染病的感染者从偶尔发现到大规模发现的状态。对于这样的问题，我们希望在更好地了解相变的概念、分析方法和典型的来自于物理学的例子之后，能够有稍微一般点的方法来分析。这就是系统科学：从具体系统中来，到其他领域的具体系统中去，尽可能提炼一般的思维方式和分析方法，可计算，可解释实际现象和解决实际问题。

### 2.3.1　传统相互作用与相变、临界性：Ising 模型

下面我们来讲一些来自于物理系统的相变的例子。更多的关于相变的概念和分析方法会在统计物理部分来更加详细地学习。

第一个例子是铁磁–顺磁相变。为了熟悉这个现象，建议大家回家去买钐钴磁体 (大于在温度高于 300℃ 的时候失去磁性①)。或者钕磁体 (大于在温度高于 140℃ 的时候失去磁性) 来做做实验：把买回来的磁体加加热，然后在加热之前、之中和之后选取几个时间点 (其实是温度点) 试试磁体的磁性。这时候就会发现铁磁–顺磁相变以及这个相变的转变点。当然，这样粗糙的实验的结果是不太可靠的，但是，从中大概画出来一个给定温度下有没有磁性的曲线总是可以的。更精确的实验可以得到磁性的大小 [46, 47]，而不仅仅是有没有磁性。下图就是一条某种磁性物质的磁矩 (先不看磁化率数据) 随着温度的变化的实际测量数据和按照 2 维正方晶格上的 Ising 模型精确解 [48] 计算出来的理论结果，以及另一种材料 $DyPO_4$ 的磁矩–温度实际测量和理论计算曲线。将来在统计物理学部分我们还会给出来 Monte Carlo 方法的结算结果。

① 这个和下一个磁体的转变点问题的数据来自于 Wikipedia “Magnet” 词条：https://en.wikipedia.org/wiki/Magnet。

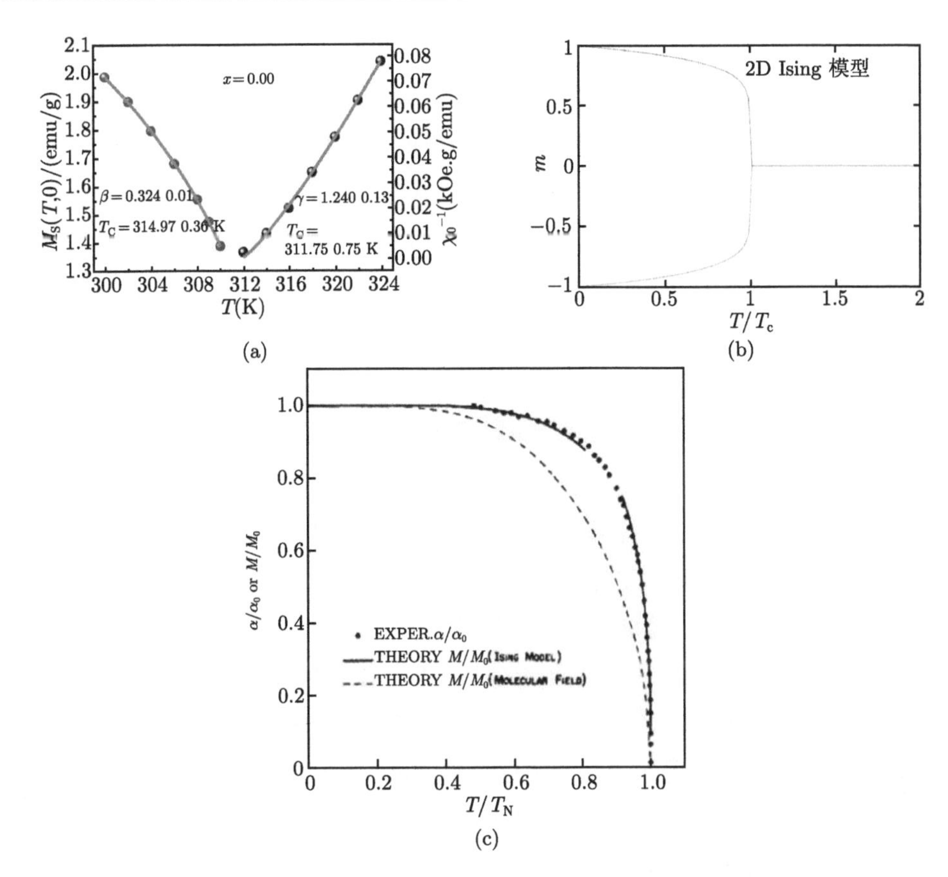


图 2.7 (a) 来自于文献 [47] 的 $La_{0.5}Sm_{0.1}Sr_{0.4}Mn_{1-x}In_xO_3$ 实验测量曲线。在这个图中的样本 $x = 0.00$。左侧是磁矩随着温度的变化，右侧是磁化率的倒数随着温度的变化 (以后再讨论这个物理量)。(b) 按照 2 维正方晶格上的 Ising 模型的精确解 [48] 画出来的每个格点的平均磁矩和温度的关系曲线。(c) 转引自文献 [49] 的 $DyPO_4$ 的实验和理论磁矩–温度曲线。横轴是温度 ($T$) 或者归一化温度 $\left(\frac{T}{T_c}\right)$。纵轴是磁矩 ($M$) 或者平均磁矩 $\left(m \text{ 或者 } \frac{M}{M_0}\right)$。

在这个例子中，磁体从有磁性变成没有磁性就是相变。这个相变在这里通过外界参数——温度来驱动，温度低的时候有磁性，温度升高磁性消失。用 Ising 模型——把系统看成是很多很多个小磁针构成的并且小磁针之间存在这相互联系，磁针之间具体如何联系以后在统计物理学中再说——来看，在有磁性的状态下，大概来说，每个小磁针的的方向具有强烈的一致性，而在没有磁性的状态下，每个小磁针的方向基本上是独立的。因此，这个相变实际上也代表了背后长程有序到无序的转变。这个整体磁性在这里就被称为 序参量——表示有序的程度的物理量。温度被称为驱动参数。从理论曲线图 2.7(c) 我们还会看到，在无序状态下，平均磁矩为零；在有序状态下，平均磁矩可以是正的也可以是负的，粗糙地说也就是说当磁体从没有磁性变成有磁性的时候，哪一个是磁体的南极和北极是偶然的完全可能是换过来的。实际测量结果都只会出现正负磁矩状态其中的一个。这个看起来好像违反了对称性：外界条件是没有特定的正反方向的、磁体本身的相互作用形式对于对调正反状态也是对称的，但是，实际出现的正反状态仅仅是其中一个。这就是上一节提到的对称破缺的一种表现：具体系统会到哪一个状态上去，有可能是由内部随机性或者外界随机性导致的，但是，到了特定的状态以后很难再一次反过来，同时多个可能的状态合起来还是能够重新满足原始的对称性的。

在这里小磁针之间的相互作用是必须的。例如有的系统倾向于"喜欢"——在物理上就是能量更小的意思——相邻的小磁针方向一致的状态，而有的系统则倾向于"喜欢"相邻的小磁针方向相反的状态。如果各个小磁针独立没有相互作用，则所有小磁针的方向——可以看做一个随机数 $x^i = \pm 1$——合起来就是 $N$ 个独立随机变量相加的分布函数，也就是正态分布，不会有上面的相变现象。其实由外界温度驱动的相变就是系统所"偏爱"的状态和温度造成的热涨落——以后会学到一个叫做 Boltzmann 分布的东西来代表这个热涨落——相互竞争的结果：在没有温度来扰动系统的时候，有些系统总是更"偏爱"能量低的状态，例如各个小磁针方向相同的状态，也就是有序相；但是，温度的扰动使得系统以一定的概率处在能量更高的无序状态；因此，系统到底处在有序态还是无序态得看这两个方面的竞争。

另外的值得拿出来讨论一下的相变的附近的现象和概念是在临界点附近的临界慢化和关联长度发散。我们先来看这个现象，见图 2.8：随着对中间容器内的乙烷在水浴中加热到临界点附近然后又离开临界点，中间部分从透明的形态成了有乳白色光芒的形态，接着又变回透明的形态。在乳光形态下，入射乙烷的光被乙烷向着各个方向反射，然后再一次被其他部分的乙烷多次反射，于是看起来就好像是广不容易透过去的状态。这表明一个在一个地方扰动乙烷的其他地方的乙烷也会产生相应的扰动，于是，看起来好像是成片的乙烷在一起运动。以后我们还会学到关联长度如何计算，关联长度的函数形式和特征长度如何在临界点附近和远离临界点的地方有什么样不同的表现：在临界点表现为幂率函数 ($r^{-p}$) 衰减比较慢没有特征尺度，在远离临界点区域表现为指数函数 ($\mathrm{e}^{-\frac{r}{\xi}}$) 衰减比较快存在特征尺度。

在相变中，序参量、驱动参数、长程序短程序、对称破缺、关联长度是经常出现的概念。某个函数，例如关联函数从指数函数形式到幂率函数形式的变化在相变中也是经常出现的现象。相变现象的分析计算技术我们会等到统计物理学的部分来学习。在这里介绍相变的现象和基本概念主要就是形成一个对相变的认识，希望将来遇到更加一般的相变现象的时候，知道运用相变的典型概念和分析方法来看待和分析这个问题。至于具体的分析方法有直接用解析、数值计算或者数值模拟来求解序参量，或者求解关联函数。除了这些，研究相变的一般方法还有平均场理论和 Wilson-Kadanoff 重正化群理论。其中的某一些我们会在这里以及统计物理学部分来学习，剩下的只有到更加专门的“高级统计物理学”或者说“相变和临界现象”课程中去学习了。

图 2.8 在临界点附近会出现临界乳光现象。这个现象可以看成是临界点关联长度发散的结果。原作者 Dr. Sven Horstmann[50]，图来自于 Wikipedia“Critical opalescence”词条。

尤其要强调一下关联函数这个概念和分析方法。关联函数 $c(x_1, x_2) = \langle x_1 x_2 \rangle - \langle x_1 \rangle \langle x_2 \rangle$，例如在一个空间 $\vec{x}$ 上分布的量 $s(\vec{x})$ 的空间关联函数，

$$C(r) = \frac{1}{\sum\limits_{\vec{x}}} \sum_{\vec{x}} s(\vec{x}) s(\vec{x}+\vec{r}) - \frac{1}{\sum\limits_{\vec{x}} \sum\limits_{\vec{x}}} \sum_{\vec{x}} s(\vec{x}) \sum_{\vec{x}} s(\vec{x}+\vec{r}) \tag{2.10}$$

是变化的一致性，而不仅仅是直接表现 (例如均值) 的一致性。于是，如果这个变量仅仅是属于在任意一点的取值相同 (也就是有长程序)，则这个算出来的关联其实等于零。将来我们会发现，大量的问题中，我们可以通过计算这个关联函数来分析系统整体性的状态和行为，例如被称为 Green 函数的其实是它，被称为投入产

出矩阵的其实还是它，PageRank 算法背后还是它。

除了外界参数驱动的相变，还有一种不需要外界的特意驱动，仅仅依靠自身的演变发展就能够发生的相变，称为自组织相变，或者自组织临界性。

### 2.3.2　涌现、自组织临界：Bak-Tang-Wiesenfeld 沙堆

下面，我们来介绍一个自组织临界性的一个例子——Bak-Tang-Wiesenfeld 的沙堆模型[51]。在自然和社会的系统中，也存在着大量这样的系统自驱动的相变。我们先来介绍一下具体的沙堆模型的机制。在一个有限大小的二维正方晶格上，按照某种顺序对准格点来撒沙子，不断地撒下去。可以是固定在中间或者某个位置撒，也可以在随机点上撒，也可以沿着某种模式——例如一行行按顺序来撒，也可以一开始就在每个格点上给定了一定数量的沙子。后来的研究发现，模型的行为不依赖于这些如何撒沙子的细节。从玩沙子的实际经验我们就知道，当在某个格点上的沙子积累到一定程度的时候，就有可能会发生沙子崩塌，而且这个崩塌一旦发生还有可能会传播。这个崩塌和崩塌传播的现象具有很大的鲁棒性，基本上无论你怎么玩沙子，都会发生这样的事情。那么，沙堆模型，如果不去看这个例子在理论上的价值，可以看做是对这个崩塌和崩塌的传播的行为的研究。

那么，如何给这个崩塌和崩塌的传播建立一个深刻的简单的模型呢？Bak、汤超和 Wiesenfeld 建立了一个如下的模型。记每一个格点上的沙子数量为 $z(x,y;t)\in\mathcal{Z}$，当任何一个格点上的沙子大于某个阈值，例如 4，的时候 ($z(x,y;t)\geqslant 4$)，

$$z(x,y;t+1)=z(x,y;t)-4, \tag{2.11a}$$

$$z(x\pm 1,y;t+1)=z(x\pm 1,y;t)+1, \tag{2.11b}$$

$$z(x,y\pm 1;t+1)=z(x,y\pm 1;t)+1。 \tag{2.11c}$$

也就是把在 $(x,y)$ 点的沙子崩塌到它旁边的四个格点上去。如果由于这个崩塌周围的格点的沙子数量也满足了上面的条件，则会在这个满足条件的格点再次发生以这个格点为中心的崩塌。

当然，这是一个很大的简化，在实际沙子崩塌现象中，还需要考虑周围的格点的沙子有多高，还需要考虑沙子之间的作用力的情况。但是，对于有些问题来说，这样的简化使得问题能够研究了，还抓住了重要的因素。那么，这个现象，在这里指的是什么呢？一会我们会看到是相变和临界性。

在这样一个模型机制下，Bak 等人做了计算机模拟，统计了每一次崩塌涉及的格点的规模，发现了如图 2.9 的结果：在通常情况下，仅仅发生小规模崩塌——一个沙子落下来，仅仅很少的其他沙子会因此而产生运动；但是，当不断地重复扔沙子到一定数量，就会发生大规模崩塌，这个时候——崩塌规模 (横轴) 和出现这样大小的规模的崩塌的频率 (纵轴)，成幂律关系。在幂律关系出现之前的状态中，一般来说这个规模的分布函数是正态的——正态分布中大规模事件出现的几率要远远小于幂律分布中大规模事件出现的几率 (高斯函数 $e^{-\alpha x^2}$ 和幂率函数 $x^{-\gamma}$ 的衰减速度的比较)。当年的图中，沙堆的规模相当小，分别是 50×50 的二维格点和

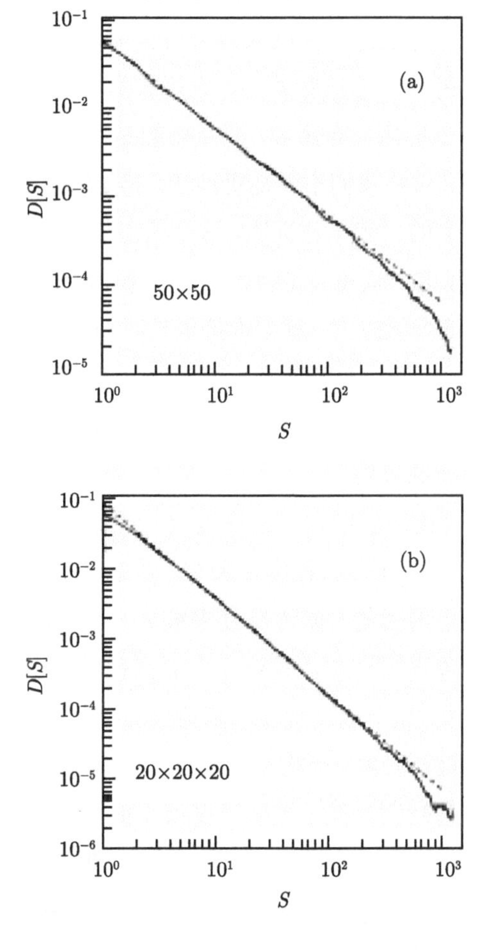


图 2.9 在临界点附近会沙堆崩塌的规模符合幂律分布，图片来自于文献 [51]。(a) 二维格点 50 × 50。(b) 三维格点 20 × 20 × 20。这些统计结果是两百次数值模拟结果的平均。

$20 \times 20 \times 20$ 的三维格点。这些统计结果是两百次数值模拟结果的平均。顺便，在统计学上，要做多次独立并且重复的实验，然后看这个结果的平均是很重要的。在统计物理学中，这称为系综平均。这个和在同一次实验中，扔了很多很多粒沙子，这个模拟的时长不是一个量。那么，为什么我们要强调这个幂律的结果呢？幂律了又如何呢？

我们在前面一小节关于临界现象提到了临界乳光、序参量、长程和短程序以及无序、外界驱动、关联函数和关联长度等概念或者现象。我们也提到了，将来我们会发现，关联函数和关联长度是一个讨论临界现象的时候非常重要的量。现在，在沙堆模型的现象中，我们发现，这个规模大小幂律分布的出现很可能意味着相变和临界现象：系统从一个整体状态——绝大部分时候崩塌的规模都不大是一个高斯型的分布函数，变成了另一个整体状态——大规模崩塌被观察的几率远远大于前一个状态下的情况是一个幂律分布函数。更重要的是，这里，系统具有自己慢慢走向这个临界状态的性质：只要我们不断地扔沙子，扔足够多的沙子，系统就会到达这个状态——并且数学家的后续工作证明，这个状态是这个模型的稳定状态。也就是说，系统一旦到达了离这个状态不是特别远的状态，则系统就会自动向着这个状态演化，而且一旦落到这个状态上，就会维持很长时间的这个状态。这个和外界驱动的相变有所不同：第一，需要外界驱动；第二，一旦外界条件继续改变，则系统会离开临界状态。在这个意义上，这个沙堆的崩塌规模的相变被称为自组织相变，这个临界性被称为自组织临界性。

实际上，这个崩塌规模还能够在一定程度上，直接和关联函数相联系。关联函数的意思就是一个点的扰动在多大程度上和有一定距离的另一个点的扰动是相关的，或者说导致另一个点的扰动，或者反过来被另一个点的扰动导致。我们说过，在传统相变现象中，临界乳光现象就是这个关联函数的典型关联长度变得很长很长的结果。在沙堆模型中，这个崩塌规模的幂律分布——注意只要幂指数大小合适幂律分布可以没有方差甚至均值，也就是说没有一个典型的崩塌规模，也就是典型崩塌规模发散——正好就是就反映了关联长度很大很大，甚至发散。一粒沙子从某个地方落下来，其所导致的崩塌的规模正好就是扰动的影响范围，因此，崩塌的规模和扰动相互影响的范围，也就是关联长度，是有密切联系的。

除了真的用来描述沙堆，以及作为展示自组织临界性的例子，这个模型还可能有更加广泛的描述能力和现实意义，例如在谣言或者观点的积累和传播这样的现象中，例如在地震现象中，例如在股市的个股波动和整体波动中。例如在舆情探测这样的问题中，这个模型和后面的思想和技术也可以有很大的应用。做敏感问题的问卷调研得到的结果是非常不可靠的。这个时候能不能不通过序参量——也就是多少人对某个敏感问题的意见的一致性程度——的测量，而是通过关联函数的测量——去关心大量个体对于一些不敏感的问题的答案的关联程度，而不是答案本身，来探测临界状态的到来呢？实际上，在大量的问题中，有可能我们很难找出来那个序参量来当做计算分析的对象，这个时候，基于关联性的分析就会尤其重要，有的时候甚至是互信息这种来自于信息科学的关联性 [52, 53]。将来在统计物理学部分，我们会回到这个主题。

## ■ 2.4 相互作用，周期与混沌的例子

在涌现性和相变这两个小节，我们已经看到了相互作用在影响系统的行为中的重要性。例如，绳子上的小球和小球之间的相互作用，例如小磁针之间的方向的相互影响，例如一个格点上的沙子对附近其他格点上的沙子的影响。由于这个相互影响才导致一个系统的整体状态是什么成为一个需要计算和分析的非平庸的问题。如果系统的各个单元是独立的，那么，我们只需要统计学和正态分布就够了。这一节，我们来看相互作用决定系统状态的另一个例子，以及从那里发展对相互作用的更加深刻的认识。下面的讨论需要一点点线性代数的知识，一点点 Hilbert 空间的知识。读者可以去找专门的书来看，也可以看本书后面关于线性代数和 Hilbert 空间的相关章节。

首先，我们回顾一下 2.2 节中的两个例子例 2.1 和例 2.2。我们发现两个微分方程都是线性的，也就是具有 $\ddot{u} = Au$ 的形式，或者 $\dot{u} = Au$ 的形式。线性的常微分方程是精确可解的，例如，对于前者，我们有 $u = \mathrm{e}^{\sqrt{A}t}u_0$(至于对一个矩阵开平方如何做，大概来说就是求出来本征值，然后对本征值开平方，再用本征向量合成矩阵，细节以后再说。这里你可以看出来为什么例 2.1 和例 2.2 的解是三角函数)；对于后者我们有 $u = \mathrm{e}^{At}u_0$(至于如何把一个矩阵放到指数上，也以后再说，大概来说就是求出来本征值，然后把本征值放到指数上，再用本征向量合成矩阵)。反正，总而言之，线性微分方程具有解析精确解，并且精确解的形式是实指数函数或者虚指数函数，统称为指数函数，或者有的时候，也用三角函数来指代它们。

接着，在考虑到三角函数级数或者 Fourier 变换，我们可以把一大类函数写成三角函数或者说指数函数取和的形式，$f(t)=\sum_{n}\left[a_{n}\cos(n\omega t)+b_{n}\cos(n\omega t)\right]$ 或者 $f(t)=\int_{\infty}^{\infty}\mathrm{d}\omega\tilde{f}(\omega)\,\mathrm{e}^{-\mathrm{i}\omega t}$，我们就可以把一个一般的函数看做是不同的三角函数当做基矢的矢量叠加。也就是把 $\cos(n\omega t)$ 看做基矢，把前面的系数 $a_n$ 看做整个函数当做矢量的时候在这个基矢上的分量。注意，这些基矢函数叠加起来的一般解都满足原来的线性微分方程。关于把某一类函数看做基矢，其他函数看做这些基矢的叠加，除了三角函数，还可以更一般。

最后，有了这个指数函数当做线性微分方程的基本解，其他更一般的函数可以看做是这些基本函数当做基矢量构成的一般矢量，我们就可以换一个角度来看这个系统的运动：把这些指数函数 (或者三角函数) 形式的基本解看做这个系统的基本粒子，我们发现，由于系统是线性的，最后，无论在什么时候，这些组合的系数 $a_n, b_n, \tilde{f}(\omega)$ 是不变的。也就是说，一开始系统里面有多大的“比例”或者“成分”是属于第 $n$ 个或者第 $\omega$ 个基本粒子的，那么，将来，还是有这么多个这样的基本粒子。于是，系统可以看成是由这一对相互独立的不相互影响的有自己的运动模式——就是以自己的特定频率震荡——的基本粒子构成的。

这个时候，我们看到，有一类看起来有相互作用的系统，由于其相互作用的函数是二阶的 (这个在下面会进一步解释)，可以从另一个角度看成是一个无相互作用的系统。二阶的含义是，相互作用如果写成能量函数 $V(x)$ 的形式，这个能量函数的形式最高是坐标的二阶函数 ($V(x)\sim x^2$)。在这个条件下，力是势能的导数，于是 $F=-\dfrac{\mathrm{d}V}{\mathrm{d}x}\sim x$，得到运动方程 $\ddot{x}=\dfrac{1}{m}F\sim x$。这是线性的运动方程。当系统存在多个变量 $x_1, x_2, \cdots$ 的时候，这个二阶能量函数导致线性方程的结果是不变的，就是需要表达成一个多维的于是是矩阵形式的方程。

这样的一个视角的转变是非常重要的：二阶能量函数代表了无相互作用系统。还有其他的初看起来是有相互作用的系统但是经过某种变换可以变成无相互作用的系统的例子，例如量子的谐振子、自旋的 XY 模型等。这些都是具有非凡意义的可以精确求解的模型。无相互作用系统的运动方程存在三角函数的基本解。每一个这些三角函数形式的解有一个特定周期，例如例 2.1 和例 2.2 的 $\sqrt{\dfrac{k}{w}}$ 和 $\sqrt{2\dfrac{k}{w}}$。如果正好只有一个这样的基本解被包含在运动中，那么，整体运动肯定就是周期性的。当然，如果有两个这样的基本解被激活，则看这两个周期是否存在公倍数，如果存在，还是周期性的运动，只不过这个周期是这两个周期的公倍数。如果这两个周期不存在公倍数——例如当这两个周期都是无理数的时候，会出现准周期现象。尽管不能完全回到过去某个时刻的运动，但是，当过了一段非常接近这个周期乘积的时间以后，系统的行为还是回合某个其他时间比较像的。可以预见，任意个这样的周期函数的叠加，不管多么复杂，就是周期和准周期行为了。为了术语简单，以后我们让准周期包含周期。也就是说，在这样的系统上最最复杂的行为，不过就是准周期行为。

现在来问，有了相互作用会怎样？还有一个问有了相互作用运动会怎样的动机：动力学系统的行为会不会出现和前面遇到的系统那样的相变的行为，也就是从某种动力学状态变成另外一种动力学状态？那动力学系统的状态是什么，怎么定义？周期运动显然是一种动力学状态。如果这个周期运动还能是稳定的，也就是说，稍微偏离开这个周期的运动会变成一个新的周期接近的运动，或者是回到这个周期上来，那就更好了，更加可以称为一种动力学系统的定态了。这个时候，如果在某些条件下，这个定态发生了变化，就可以来研究动力学系统的“相变”——从一个定态到另一个定态的变化了。

为了讨论这个问题，我们转过来用描述时间离散的迭代过程的差分方程。其原理和微分方程是一样的，但是实际计算简单很多。下面的讨论很多部分来自于郝柏林等人的《从抛物线谈起》[54]。其实，大家可以跳过这一段直接去看《从抛物线谈起》。这里仅仅是解读稍有不一样，主体知识上的内容是一样的。

先来把连续的微分方程大概地变成离散的差分方程。考虑 $\dot{x} = Ax$ 取时间间隔为 $\Delta t$，则，$x(t+\Delta t) = x(t) + A\Delta t x(t) = (I + A\Delta t)\, x(t)$。改变时间的标度，把现在的 $\Delta t$ 当做新的时间单位下的 1，得到

$$x(t+1) = Bx(t)。 \tag{2.12}$$

我们已经看到线性方程高维的和一维的是一样的，只要把矩阵 $B$ 做一个本征值和本征向量的计算。下面我们就仅仅考虑一维的情况，也就是

$$x(t+1) = bx(t)。 \tag{2.13}$$

这个方程的通解为 $x(t) = x_0 b^t$。当 $|b| > 1$ 的时候系统发散，当 $|b| = 1$ 的时候系统

保持原状态或者在两个值之间跳跃，否则系统衰减到 $x=0$ 的状态。也就是系统的状态非常简单地依赖于 $|b|$，分别可以是发散、周期和收敛三个状态。一方面，我们能够知道系统所有的可能状态以及这个状态和参数的完整的关系是很好的。另一方面，这个行为也实在太过无趣。

现在，我们来考察一个稍微现象丰富一点的系统，

$$x(t+1)=1-\mu x^2(t)\text{。} \tag{2.14}$$

后面的函数系统可以由抛物线函数 $ax-bx^2$ 做变量的线性变换而来，因此，这个动力学被称为 [54] 抛物线的迭代动力学。首先，我们来看一下这个迭代的过程。如图 2.10，我们看到有的时候表现出来收敛到不动点，有的时候在不动点附近震荡。在这里不定点的意思就是满足

$$x^*=1-\mu(x^*)^2 \tag{2.15}$$

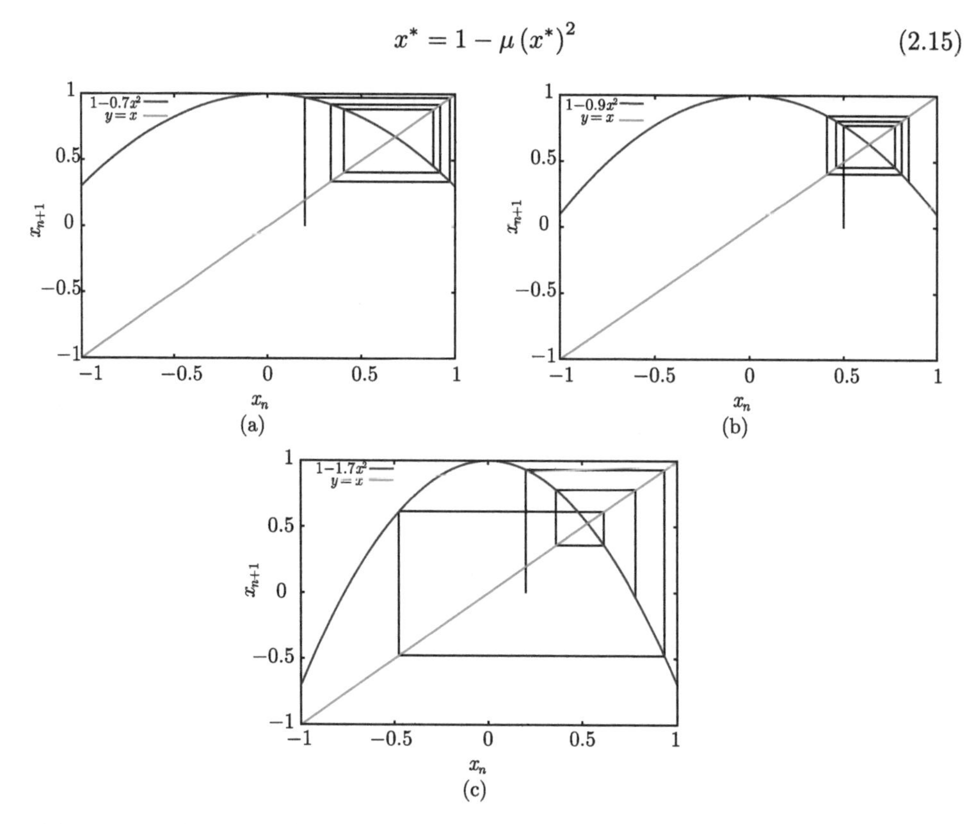


图 2.10　(a) 当 $\mu=0.7$ 的时候的迭代过程，系统收敛到一个固定值——不动点；(b) 当 $\mu=0.9$ 的时候的迭代过程，系统在远离不动点；(c) 当 $\mu=1.7$ 的时候的迭代过程，系统在不动点附近震荡。

的点。如果系统在某个时刻正好处于这个点，则系统下一个时刻还是处在这个点上。在这个具体方程中，这样的不动点位于 $x^{*}=\frac{-1\pm\sqrt{1+4\mu}}{2\mu}$。

从图 2.10 我们看到，当 $\mu$ 取不同值的时候，这个系统可以从收敛到不动点的行为变成远离不动点的行为，甚至更加复杂的震荡行为。那么，有没有办法直接分析方程来得到参数取值的情况和系统的行为之间的对应关系呢？还有哪些典型的行为呢？这些问题，将来我们在非线性动力学的知识部分都会学习到。大概来说，我们除了讨论不动点，还可以讨论周期解。也就是看一下 $x\left(t+2\right)=f\left(f\left(x\left(t\right)\right)\right)$ 的不动点。在这里迭代两次回到原来的值就是周期 2。当然，广义地说，其中也包含之前周期 1 的不动点。我们可以想办法求解出来这个周期 2 的不动点，也就是方程

$$x^{*}=1-\mu\left(1-\mu\left(x^{*}\right)^{2}\right)^{2} \tag{2.16}$$

的解。类似地，我们可以讨论周期 4、8、16 的解，甚至其他周期，例如周期 3 的不动点方程的解。我们就不再继续这个演示了。

稍微要再一次提到，并且在下一节会再一次重点来讨论的是后面的这个震荡现象。首先，在这里，系统既不会离开不动点特别远，也不会靠得特别近，每次接近一会儿就会接着远离一会。如果你真的去跟踪每次迭代的结果，会发现，还很难跟踪：看起来具有一定的随机性，并且如果初始迭代起点离得很近的话，有的时候迭代过程中又会相距很远，或者反过来。这样的看起来的随机性和初值的敏感性，以及靠近和远离的交替变化就是那个称为混沌现象的核心特征。更多细节将会在下一小节和非线性动力学的章节中继续讨论。

现在我们来做个小结，对前面提到的知识和现象做一个梳理，看看哪里系统科学了。记住，我们在看本书的任何时候，都需要问这个“哪里系统科学了”的问题。到此为止，这一小节中，我们先用涌现那一节用过的线性方程的例子得到二阶以下能量函数所代表的系统尽管看起来有相互作用，实际上得到的方程完全可精确求解，并且求出来的解可以看做独立振动的粒子，于是，是无相互作用系统。我们已经知道相互作用是系统科学的核心，因此，了解哪些现象是无相互作用对于理解系统科学也是非常重要的。当然，不是说无相互作用就不是系统科学的研究对象了，只不过是特殊的研究对象：不用我们发明太多的方法来研究就可以——可以精确求解并且多个体系统加起来的量符合正态分布。这是这一小节的系统科学。当然，

涌现那一小节用这个例子来体现整体运动模式从底层个体之间相互作用的机制中涌现出来。同一个例子，可以用来说明不同的问题。

不过，这里就产生了小小的问题了：涌现那一节中用来体现整体模式从相互作用中涌现，这一节用来体现其实二阶能量函数表明系统无相互作用。这个看起来矛盾的地方有两个含义。第一，有的时候换一个角度 (换一组变量) 来看问题，可以把复杂的问题简化，当然，前提是那个问题本质上本来就简单。第二，将来就算在本来就复杂的具有内秉相互作用的——无论变换什么角度至少目前看来不能简化为无相互作用的——系统中，这样的变成近似无相互作用的整体振动模式，仍然是重要的研究问题的手段和角度。这一点，只有等到将来处理有相互作用的例子的时候再来展开了。

那么，除了这个二阶能量函数代表无相互租用系统，而相互作用是系统科学的核心，因此，促进对系统科学的理解，本小节的内容还有其他具有系统科学含义的地方吗？写下来运动方程，离散的或者连续的，之后，如何求解，不是系统科学，其实是常微分方程或者差分方程求解和定性理论研究的主题。但是，来关注这些方程的也就是原始的系统的定态行为和定态行为的变化的这个角度具有系统科学的特点。实际上，这是动力学系统的相变的问题的研究角度。因此，将来在很多系统——例如传染病的传播、股票和股票的关联、舆论意见谣言的形成和传播等等——的研究中，我们需要借助常微分方程或者差分方程求解和定性理论，而在那里，我们主要关心系统的定性行为和定性行为的变化。当然，为了能够研究这个行为和变化，稍微掌握一点点常微分方程或者差分方程求解和定性理论也是有必要的。这也是为什么在后面的章节中，我们会学习一点点非线性动力学——勉强算作系统科学的基本理论的一部分。

## ■ 2.5　再一次用混沌的例子，确定性和随机性

从图 2.10(c) 我们已经看到了混沌行为的一些特征，在不动点附近震荡，时而靠近时而远离，整体看起来具有随机性。现在，我们来看初值敏感性：差不多的起点随着时间的演化，会出现非常不同的轨迹。图 2.11 展示了当 $\mu = 1.7$ 的时候的迭代过程中两组两条初始条件很相近的轨迹：一组是 $x_0 = 0.2, 0.21$，一组是 $x_0 = 0.2, 0.200001$。前者做了 7 次迭代后者做了 100 次迭代。后者的图中 $x, y$ 轴

分别是两条轨迹每一次迭代的结果。如果两者保持接近，则，整体应该在对角线附近。然而，我们看到初始接近的起点随着迭代会有的时候远离，有的时候又重新接近：图 2.11(b) 中偏离对角线和接近对角线的点都比较多。类似的，初始远离的两个轨迹也可以将来接近以及再次远离。这个性质使得系统的行为看起来更加具有随机性，使得系统的长期行为不可预测——仅仅一个很小的偏离，会导致完全不可预料的将来的结果的非常大的区别。好像这个系统会忘记初始条件一样。但是，我们明明是用确定性方程做的迭代，实际上，这个迭代是可以反过来做的——也就是通过逆映射来从现在的轨迹上的后面点恢复到前面的点。这样的初值敏感性、围绕着不动点的震荡的行为、整体历史看起来比较随机的性质，而这些行为又是来源于确定性方程这一点，被称为确定性系统的混沌行为，或者简称混沌。

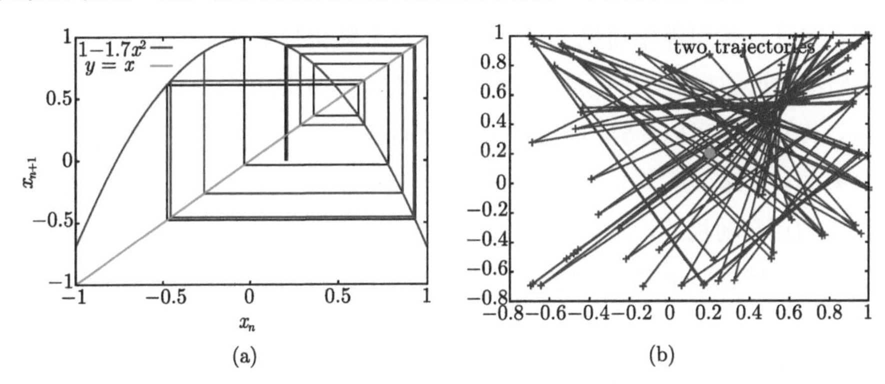


图 2.11 当 $\mu = 1.7$ 的时候的迭代过程，系统在不动点附近震荡。(a) 取两条轨迹的初值分别为 $x_0 = 0.2, 0.21$ 来展示 7 次迭代过程。(b) 取两条轨迹的初值分别为 $x_0 = 0.2, 0.200001$(图中那个蓝色大点) 来展示迭代 100 次过程。其中 $x, y$ 轴分别是两条轨迹每一次迭代的结果。如果两者保持接近，则，整体应该在对角线附近。我们看到系统经常偏离对角线很大，但是，也经常回到对角线上。

将来我们还会比较详细地讨论出现混沌行为的判定和参数区间的确定等问题。现在，我们只需要了解确定性的方程也会出现这样的看起来具有一定随机性并且对初值敏感又不会出现跑远了就不回来或者跑近了就不出来的行为。那，其实，这个还是一点点常微分方程或者差分方程求解和定性理论的研究主题，哪里系统科学了？

在对世界的理解中，有一个主题——“到底世界是确定的还是随机的”——一直具有重要的位置。如果是确定的，那么为什么有的时候看起来随机；如果是随机的，那么为什么我们大量的运动方程都表现为确定性的方程。并且，很多人相信，只要测量做得足够准，掌握的信息足够多，那么，这个看起来的随机性就会消失。大概来说，这个问题偏哲学和信仰居多，不完全是一个科学问题。不过，仍然，是很多研究者思考和困扰的问题。一方面，基于运动方程的研究给我们研究系统的定态和定态的稳定性、相变等提供了一个角度，这在上一小节已经提到。另一方面，确定性的方程就能够出现看起来随机的，不能做长期预测的，初值敏感的行为，也差不多可以给确定性世界的随机性的起源提供一个解释的角度。这部分是有关系统科学的。

当然，实际上，本质上就是随机的现象也是存在的，将来在量子力学我们会学到：尽管量子系统的演化方程还是确定性的，但是，量子状态的测量会出现哪一个结果，是在各种可能中随机选择出现的。这个随机性的概率还是可以计算出来的。我们不知道的事情，仅仅是，到底哪一个结果在单次实验里面会出现，多次实验来看，其概率是可以计算出来的。将来我们还会看到，能计算的远远不止概率，而是概率幅。从这个意义上说，不学量子力学，人生是不完整的。你看，连世界到底是确定的还是随机的，都没法思考透彻。当然，我没有说，一旦学了，就能够思考透彻了，只能说，用来思考的材料会稍微更多一点，看到的世界会稍微更清楚一点。

将来，在统计物理学中，我们还会学到把经典力学的运动方程，例如 Newton 方程，也变成概率分布函数的演化方程的形式。在那个时候，世界到底是随机的还是确定性的，就更加是一个问题了。因此，不学统计物理学，人生也是不完整的。

到此为止，我们已经用具体的研究工作的例子给大家铺垫了下面的学科都是要学的：线性代数 (矩阵、矢量空间)、统计物理学 (相变、平衡态的来源和系综理论、整体系统的运动方程和随机性)、量子力学 (内秉随机性、非矢量叠加不可解释的实验)、力学 (划分系统、受力分析、运动方程、作用量原理和物理学的统一形式)。你千万不要以为这就很多了，将来我们还会讨论为什么概率论、统计学、经济学、网络科学、生物学和化学，也是需要并且非常值得学的科学，不仅仅是从知识内容上，还从分析方法和思维方式上。系统科学本来就是研究对象不受具体学科限制的科学，只要所研究的系统具有系统性——系统的各个部分之间存在相互作用相互联系，关心系统的整体行为和各个部分的相互作用的关系这个主题，或者所使用或者得到的研究方法具有系统性——也就是从具体系统中来能够到更多的尤其是其他领域的系统中去，成为具有一般性的跨具体学科的分析方法和思维方式。

让我们再一次回到本书封面的几句话：

> **联系 [1]，联系 [2]，联系 [3]**
> **从具体系统中来，到具体系统中去**
> **从孤立到有联系，从直接到间接，从个体到整体**
> More is Different, More is The Same
> **(一片两片三四片，构成系统出涌现；五片六片七八片，飞入系统都不见)**

下面，我们再来看，这样的系统科学的研究对象、研究问题的系统性和研究方法的系统性，还能够在哪些其他问题上发挥作用。当然，这里仅仅是举例，还有大量的其他具体系统上的工作没有包含进去，也没有整理出来一个很好的具体系统的角度的体系，而是用了一个研究方法层面的粗糙的分类体系。

另外，到现在为止，你应该很熟悉本书的写作风格了：任何一个观点或者视角，我都尽量通过一个具体的例子来阐述，任何一个具体的例子我都希望阐述一个观点或者视角，或者至少某个跟本书主旨——什么是系统科学——有关的信息。因此，在看这本书的时候，一定要多思考，这一段企图在说明什么，这个说明的东西和主旨有什么关系，为什么要用这个例子。

## ■ 2.6 相互作用与网络科学的例子：汉字研究

在汉语的学习中，语言和字的学习是分开的两件事情，两个任务。当然，这两个任务之间有相互促进的关系，但是，大多数时候，是语言在帮助文字的学习，而不是反过来。如果是日语德语那样的纯语音语言，或者至少是英语这样的大部分时候文字可拼读的语言，则学习字词 (还有从字词的写法到发音的这个转化规律，称为拼读法) 对于学习语言是很有促进意义的。或者反过来，对于那样的母语的语言学习者，原则上只要回了拼读规则，则可以直接从语言转化为文字。基本上也就能写能读了。但是，汉语不是这样啊。对于母语是汉语的语言学习者，还可以通过死记硬背——我见过有人通过笔顺来死记硬背汉字的方式、我也见过有人通过纯粹多次抄写重复来死记硬背汉字——来学习汉字。由于语言本身母语学习者是能够用的，因此，死记硬背来完成字的从形状到读音和含义的学习，也就成了还可以接受的事情了。但是，对于非母语者，同时学习基本上是分开两件事情的汉语和汉字是非常痛苦的。我见过把汉字当做画画来记忆和学习的非母语汉语学习者。我也见过不断地追问这个字为什么写成这样，为什么这样就表示这个读音、这个含义的非母语汉语学习者。顺便，在母语汉语学习者中间，追问字形和读音、含义之间的联系的人，反而比较少。这真的是一件神奇而又令人伤心的事情。汉字从字形到读音和含义的联系不是非常明确，并且大多数时候不是老师的教学内容，学生也很难找到合适的学习材料来学到这个联系，一般只能通过不断地死记硬背或者稍微好一点，不断地应用来学到这个非常重要的联系。这已经使得汉语的学习比很多其他语言困难，当然，我们也有简单的地方，例如汉语基本没有语法和形态的变化。不过，系统地比较汉语和其他语言的学习难度不是我们这里的目标。

还有两件事情使得汉语的学习变得更加困难。第一件事情是不同的汉语的发音，在忽略声调之后，大约只有四百来个 (新华字典列出来了 412 个发音)，而常用汉字的数量有三千五百多个。这个很容易找一本字典出来验证一下。这个时候，“嫣盐演艳”算一个发音。也就是平均来说，一个发音要代表很多个音调不同的字，甚至音调相同的字。最好的例子就是赵元任①的《施氏食狮史》[55]。《施氏食狮史》是用同一个读音 (声调忽略不计) 写成的有意义的一段话。全文在下面。

> 石室诗士施氏，嗜狮，誓食十狮。氏时时适市视狮。十时，适十狮适市。是时，适施氏适市。氏视是十狮，恃矢势，使是十狮逝世。氏拾是十狮尸，适石室。石室湿，氏使侍拭石室。石室拭，氏始试食是十狮尸。食时，始识是十狮尸，实十石狮尸。试释是事。

这样就使得完全依赖语音来学习汉语非常的困难，语音和字相互配合才能做到事半功倍。第二件事情是汉语拼音是大多数时候不可拼读的。所谓可以拼读就是一个字母发什么音在绝大多数场合下是或者完全就是确定的，学习者只需要掌握每个字母的读音，连起来，就能够把字词的音发出来。例如日语和德语。英语发音有一些变形，但是，也是绝大多数时候来说是有规则的。汉语拼音是很晚的时候人为设计

① 顺便，赵元任可是在清华大学教过数学、物理、英文、哲学和语言学的。

出来的。按道理来说，这样的人为的系统，应该是可以做到可拼读的。再加上，汉语的发音本来也就不多，四百多个。用一个数量比较少的字母表，例如三十多个字母，把四百多个音通过组合这些字母的方式表达出来，应该不难。但是，事实上，我们的汉语拼音系统有 16 个明确标注出来的固定读法。例如“zhi、chi、shi、ri、zi、ci、si”。这些音你可以试试按照拼读规则发音，就会得到类似“鸡、漆、西”这样的读音。也就是说，它们必须整体认读，不能分开来拼读。还有“yuan,xian,mian,feng”这样的，也是拼读不出来的，这是后面的韵母音位不准造成的。对于“点 (dian) 线 (xian) 面 (mian)”其实大概改成“点 (dien) 线 (xien) 面 (mien)”就会比较准。再加上，汉语拼音还有一些神奇的画蛇添足的规则，例如 ü遇到某些声母要去掉两点，u、i 放在一起声调要标在后面地方 (尽管有可以理解的历史的原因)。这些都是的汉语拼音是一个效率很低还不准确的汉字读音的标注方式，不可能当做学习读音的手段，只能当做校准和提示读音的作用。汉语拼音基本上是知道字怎么读以后，然后，再把这个读法和拼音记号结合起来，用来电脑输入或者提示读音用的。再加上，汉语拼音用了英文字母，但是其发音规则有很大的不一样，例如 q，x 这些。这样就使得非母语汉语学习者更难学习汉语了。

于是，我们开始思考一种直接运用汉字的字形、读音、含义之间的联系，还有汉字之间的字形联系来帮助学习者直接地显式地习得汉字的字形、读音、含义之间的联系方式，而不是依赖于先一个个汉字记下来，慢慢悟的方式。

前面关于汉语拼音的讨论，除了当做依靠联系来学习汉字和汉语的引子之外，还有另外一层对系统科学有意义的含义：我们的编码对象是四百多个读音，我们需要构造出来一种编码，用最少的可区分的并且每一个只表示一个音位的发音基本单位，例如字母，来组合而形成对这四百多个读音的编码。这个问题显然是一个需要考虑到四百多个音之间的内部相似性相互联系的问题，于是本来就是一个很好的系统科学的研究对象。你想这个世界有这么多种物质，化学家也仅仅需要一百来种化学元素符号来编码，物理学家也仅仅需要少数几种基本粒子来编码，而且还每一个编码的单位都是可区分的，代表唯一的没有歧义性的实际物质单元的。因此，借助数学的优化和编码，借助物理学和化学的经验，本来，汉字读音编码是一个很有系统科学味道的问题。不过，现在，仅仅能做学术讨论了，再改一个系统已经是不值得的事情了——*既然大家已经习惯了一套系统并且行之有效，尽管有问题，那就只能用着这套系统了。当然，就算目前的汉语拼音系统，对于解决汉字的电脑输*

入问题，还是很有意义的。真想做的话，可以先用国际音标把准确的每一个读音牵涉到的发音单元和音位准确标注出来，然后想办法简化：把经常在一起使用的标书符号合起来成一个，把少数的非常接近的音位粗糙地统一成一个，然后保持可拼读——每一个字母就一个发音，所谓拼读就是直接把这些字母连起来读就行了。实际上，就算在目前的拼音里面，也是有一些可拼读的，例如“un”基本上就是“u-n”合起来的发音，还有“ui”等等。

好，现在回到我们的主题：能不能找到一个直接利用汉字之间的联系，以及汉字的形状、读音和含义之间的联系，来更好地把汉字和汉语联系起来，实现汉字和汉语的相互帮助学习的一个学习系统？在汉字研究的章黄学派，这被称为系联法 [10−12]。

首先，我们先要搞清楚汉字之间的联系，以及每个汉字自己的形状、读音和含义之间的联系。汉字还有一个好处，很多时候，汉字的含义和读音和汉字的形状，尤其是一个汉字的读音和含义和这个汉字如何拆分成它的下层结构——更简单的汉字是联系在一起的。也就是说，这两个联系：汉字之间的联系和汉字自己的形音义的联系，基本上是紧密联系在一起的。一个汉字称作有理据的或者说可解释的，如果这个汉字的读音和含义基本上由这个汉字的底层结构——也就是构成它的更简单的汉字——决定。这个原则就好像是拼读语言里面的可拼读性——一个字词的读音是完全由构成这个字的字母的读音直接组合起来决定的，而不需要额外的规则。当然，我们知道算是语音语言，对这个可拼读的原则也会产生一些偏离。因此，汉字也不是完全有理据的。如果我们假设大概来说还是有理据的，那么，这个汉字之间的联系和汉字自己的形音义联系实际上就是汉字和底层汉字之间的拆分关系。于是，我们把以上两种联系的问题，统一成汉字拆分关系。例如，最简单的“林”是由两个重复的“木”构成的，“森”是由三个重复的“木”构成的，或者看做“林”和“木”的组合。其含义也是遵循这个组合的逻辑，木就是树的象形字，林就是一片木，森就是更大的一片木。于是，搞清楚这三个字的字形上的联系之后，字义上的联系也就清楚了，读音可能需要额外记忆一下，但是，也节省了大量的学习成本，大大提高了学习效率。这当然是极端的例子，如果所有的字都能够找到这样的和其下层结构的联系，那么，学习汉字就成了非常简单的事情了：搞清楚哪一些是“木”这样的基本单位，先学好这些基本单位，然后组合起来，就搞定含义或者读音了，就学会了。实际上，不少量的汉字，其读音、含义并不能由其结构来完全说明，同时也有的汉字如何才能做最合适的拆分也是一个问题。也就是说，汉字不是完全具有理据性的，尽管绝大多数，或者平均来看，还是有理据的。

那么，是不是所有的汉字都可以这样把构形和音义联系起来从而达到帮助实现理解型学习的作用呢？我们就先做了这个拆分工作。在我们呈现我们的拆分之前，我们必须交代，这是我们自己按照收集的资料和自己的理解做的汉字结构的拆分，不是汉字专家汉字研究者的拆分，不能保证都是对的。具体的资料来源见我们的研究论文 [9] 以及里面的参考文献。其次，我们还要指出来其实《说文解字》[56] 做的就是这个结构拆分和用这个拆分来建立字形和本义以及读音的联系。这样的解释本义以及读音和字形之间的联系的研究汉字结构的书籍叫做字书。字书和字典——后者主要列举一个字的读音字形和各种使用场合的含义，以及使用这些含义的例子，不一样。当然，在那时候，《说文解字》的对象是篆体字，并且当时没有甲骨文和金文这些古汉字资料。除了《说文解字》，其实汉字研究的章 (太炎) 黄 (侃) 学派也主张通过考察汉字之间的联系来做学问。这一学派的研究者王宁著有《汉字构形学》[12] 总结和发展了这个思想。听王宁老师说起来她当学生的时候，她的老师陆宗达先生可以要让她在一个房子里面用红绳子连卡片的。卡片上是一个个的汉字。

下面是我们自己按照文献和自己的理解 (再不能查到好的拆分的时候) 做的拆分的结果。先举一个例子，再呈现整体的汉字结构拆分图。

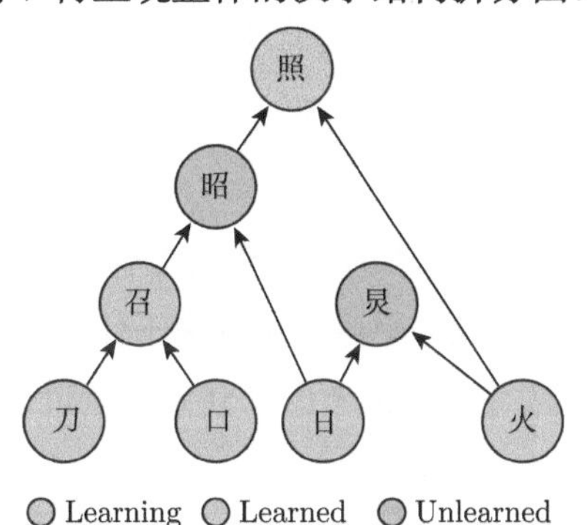


图 2.12 汉字“照”的逐层字形拆分：每一个层次，如果有一个其他的汉字，我们都独立拆分出来。因此，我们没有把“照”直接拆分成为“日、刀、口、火”。颜色部分代表的信息，稍后会用到。

首先，我们建立的是逐层拆分关系。也就是说，从任何一个字开始，我们先做第一层有意义的拆分：这个字和拆出来的简单字之间存在这读音或者含以上的联系，并且没有中间字。中间字的含义是这个字是否可以拆分成其他的介于前面拆出来的简单字和这个字之间的字或者非常常用的有明确含义的偏旁部首。如果有，则先拆分到这个中间字。例如，在图 2.12 中的“照”字如果直接拆到底，有“日、刀、口、火”四个简单字。但是，“日、刀、口”可以构成一个中间字“昭”，并且“日、刀”还可以构成中间字“召”，因此，不能把“照”直接拆成“日、刀、口、火”。同样的道理，也不能把“照”直接拆成“日、召、火”，因为“日、召”可以构成中间字“昭”。因此，必须把“照”拆分成“昭、火”。接着继续拆分“昭”。这样的逐层拆分的好处是拆分的理据性比较强，也就是一个字和它的子结构的联系比较紧密。例如“照”很容易由“昭、火”来解释，“昭”表音也表意——光亮比较强的意思，同时“火”也是表意单位，于是合起来表示光亮特别强，尤其是火光或者太阳光之类的。但是，“照”和“日、刀、口、火”的直接联系就不强了。因此，拆分完成以后的网络，基本上要代表汉字之间的某种读音和意义上的联系，是最关键的想法和原则。因此，我们就采用了逐层拆分的方式。有的时候，由于字形演化，一个字失去了跟它有直接读音和意义上联系的字的结构联系。这个时候，尽管我们主要按照字形来做拆分，我们就会在能力范围内找到那个原始的有读音和意义上有联系的子结构来做拆分。例如“鸡”可以拆分成“又、鸟”两个部分，但是实际上，这里的“又”表示的是“系”的读音 (被简化汉字强行简化掉了)，和其他地方例如“友”的“又”(表示手的含义，以及“又”的读音)，不是一个意思。这个时候，我们还是把“鸡——又、鸟”看做是合理的拆分，只不过”又“在形式上和表示手的含义的那个“又”合在了一起。

好了，现在，我们已经有了基本的系统中的个体或者说元素，以及个体之间的联系或者说相互作用了。我们能够用这个系统来干什么，回答什么问题呢？回到我们的动机，我们想问是不是有了联系考虑了联系可以可以帮助学习者更好地学习汉字。

我们先从局部的层面来看。一开始，汉字是孤立着学习的，通过死记硬背或者稍微好一点重复使用来学习的。现在，我们看到了联系，假设这个联系是基本上对的前提下，我们来做下一步的讨论：这个联系有什么用，可以如何帮助学习，在局部的层面。这个时候，对于学生和老师来说，当学习一个汉字的时候，就可以考虑这个汉字的下层简单汉字和上层复杂汉字，依赖简单的那些来掌握这个汉字的读音和含义，依赖上层那些来启发下一步可能可以先学这些。也就是说，学生老师可以用这个网络当教和学的参考资料，可能可以形成更好的对所学习的字的理解。也就是当做一本字书来用，一条条地检索。

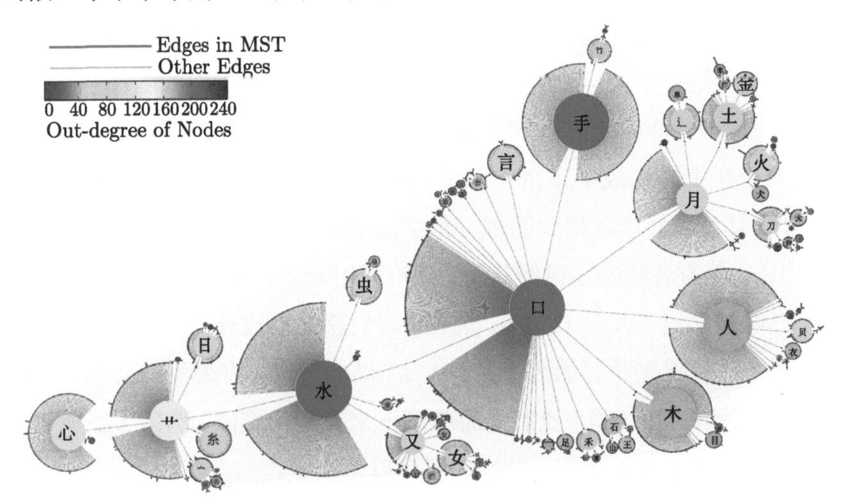


图 2.13 3500 常用简化字的字形按照逐层拆分的方式得到的网络。其中顶点就是汉字 (或者非常常用的汉字偏旁部首，例如"宀")，连边就是两个或者几个字可以合起来直接构成一个更加复杂的字。其中顶点的颜色是这个字连出去的边的条数，也就是这个字被用于构造多少个其他的更复杂的字。为了看起来简单一点，我们高亮显示了网络的最小生成树里面保留下来的边，而把其他的连边当做背景。

我们再从整体的角度来看。如果我们的网络仅仅是这个用处，那么，它实际上不是一个网络而是一个检索列表：列表的表头就是主检索字，后面跟着的就是这个字的子结构以及关于这些子结构如何合起来构成这个汉字的理据性说明。但是，我们是有系统科学的思想的，我们也是有数学物理计算机的分析技术的，我们可以走得更远更深。我们问：基于这样的网络是不是可以来讨论一个最优学习顺序或者算法的问题，以及最优考察顺序或者算法的问题。例如，我们考虑学习者的识字基础，考虑学习者的学习目标，考虑学习者的语言环境，考虑学习者的年龄等因素，来决定一个合适的个性化的学习顺序：从哪些字开始学习，效率会比较高。例如，大概来说，我们显然应该优先学习那些底层的字，这样学习上层字的时候，就不用回头再去学习底层的，做好铺垫，做到循序渐进。大概来说，我们还应该优先在学习者的最近认知拓展区域来学习，这样学习者的认知成本低一些。大概来说，我们还应该考虑每个字的使用频率，而且这个使用频率可能还得根据学习者的学习目的 (将来主要读和写什么语料)、年龄和语言环境 (是不是要考虑儿童语言和儿童文学，还是成年人的口语还是书面语) 来做统计。这样的因素用什么样的数学形式来表达，这样的数学形式如何进入某种计算分析的算法和技术，来找到好的学习顺序呢？

我们发现，是否底层，被用于构造多少个其他汉字的信息都在这个汉字字形联系网络里面，于是也就需要一个网络的数学描述——邻接矩阵 $A$ 就可以。其中 $a_j^i=1$ 就表示字 $i$ 是构成字 $j$ 的一部分。$a_j^i=0$ 表示这两个字没关系。考虑了语料、年龄和语环境以后统计得到的每一个字的使用频率，就放在这个网络的每个顶点上记做 $W_j$。学习者哪些字已经认得，则可以用一个标志来表示，例如 $L_j=1$ 表示汉字 $j$ 已经被学过，否则 $L_j=0$。现在，我们就需要设计一个算法，把我们之前讨论过的几个需要优先学习的因素 $(A,W,L)$ 结合起来。将来我们会更进一步地讨论这个具体的计算，在这里，我们先简单写下来我们的算法，然后大概所以下为什么这个算法实现了上面的考虑，进一步还可以怎么做。

具体的计算，我们在这里稍微粗糙一点，将来会把这些计算还有下面几个例子里面的分析方法都统一到一个叫做广义投入产出分析的框架下面。那个时候，再来更加详细地讨论这些计算怎么做、为什么这样做、有没有更加快速的可能是近似的计算方式，它们之间的关系等问题。在下面要写下来的计算公式里面，最主要的思想就是顶点权和顶点权的传递。我们先不考虑 $L$ 的事情。加入 $L$ 的信息之后，算法会更加复杂，尽管原理上是一样的。原始的权重是矩阵 $W$，我们把计算完成之后的权重记为 $\tilde{W}$。整个简体字网络从最底层的字到最上层的字只有 5 层，并且大部分汉字不再构成其他的汉字，见图 2.14。考虑到这个层次性，我们还可以用层次来标记权重，记为 $\tilde{W}_i^m$，表示在 $m$ 层上的字 $i$ 的最终算出来的权重。

$$\tilde{W}_i^{(m-1)}=W_i^{(m-1)}+b\sum_i a_j^i\tilde{W}_j^{(m)}。\tag{2.17}$$

考虑到矩阵 $A$ 只有从上层到下层的写成矩阵和矢量记号的形式就是

$$\tilde{W}=W+bA\tilde{W}。\tag{2.18}$$

再做一下变形，得到

$$\tilde{W}=(1-bA)^{-1}W=W+(bA)W+(bA)^2W+\cdots。\tag{2.19}$$

在这里参数 $b$ 的含义是当从上一层把权重传到下一层的时候，不能把所有的权重都传到这个汉字的子结构，必须做一定的分配。例如，如果一个字有两个子结构，则每个获得一半。实际上，汉字主要的拆分形式基本就是一分为二，于是，实际上在我们的计算中取了 $b=0.5$。我们还讨论了参数 $b$ 的优化的问题，最后也正好发现，$b=0.5$ 是比较好的选择，也是道理上说得过去的选择。将来在广义投入产出分析中，我们还会看到，我们不需要人为来挑选一个 $b$，只需要对 $A$ 做一个归一化。我们先把公式放在这里，将来再来展开讨论。

$$\tilde{a}_j^i = \frac{a_j^i}{\sum_l a_j^l} \tag{2.20a}$$

$$\tilde{W} = \left(1-\tilde{A}\right)^{-1} W。 \tag{2.20b}$$

注意到公式 (2.19) 的展开形式，我们发现，我们的算法实际上就是考虑了汉字使用频率的传播带来的直接 $(W)$ 和间接效益 $((bA)W + (bA)^2 W + \cdots)$ 的结合。

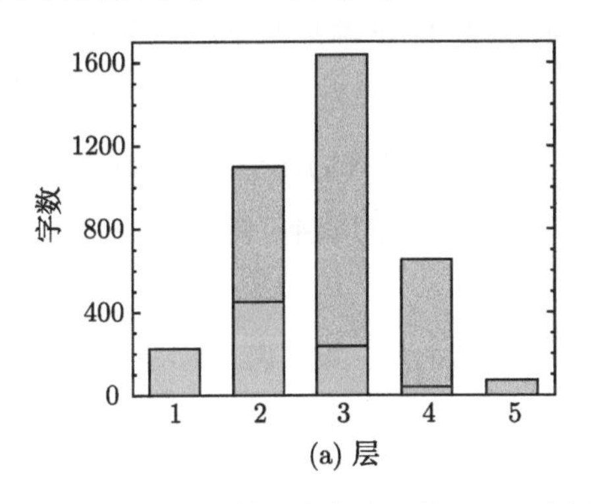

(a) 层

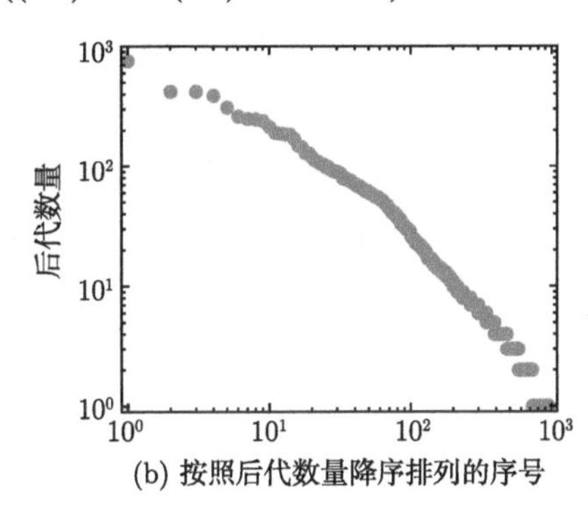

(b) 按照后代数量降序排列的序号

图 2.14　3500 常用简化字的字形按照逐层拆分的方式得到的网络是具有明显层次性的，网络连接只在下层到上层之间有，表示构成关系：下一层的字用来构成上一层的字。(a) 每一层的字的数量，其中棕色的表示不再参与构字的字的数量。(b) 把顶点的后代数量排序。其中后代的数量的计算是累计的，也就是说一个字直接或者间接参与构成的字都是这个字的后代。也就是大部分的汉字基本没有后代，只有极少数后代数量很大。例如具有 10 个以上后代的字的数量大于在 100 个。

一旦有了这个理论上的顺序，我们就必须来思考，这个顺序的表现，如果用于学习，到底怎样的问题。对于 PageRank 算法[8]，有实际的 Google 搜索引擎的效果来验证。对于我们的汉字学习顺序，原则上，我们也需要大概按照这个顺序编出学习材料来做实验才能验证。不过，这是一个比较大的工程。目前，我们完成的比较是基于如下的一个学习成本的计算方式的。注意，这个学习成本的计算是另外一个没有得到验证的猜想。这样的理论验证是不能代替实验检验的。不过，在没有实验结果之前，如果成本计算的理论模型还算合适，则也可以暂时拿来一用。

这个粗糙的成本的问题表述成这样：从当前已经认识的汉字开始，我们来看如果要学习某一个汉字的话，有多难。计算模型是这样的：如果这个字本身已经认识，难度成本就为 0；如果这个字本身不认识，但是其子结构都认识，则难度成本就为子结构的数量；如果这个字本身不认识，但是其子结构也有不认识的，则难度就为子结构的数量加上不认识的子结构的学习成本。其中，不认识的子结构的成本需要重复刚才的计算，考虑这个字有几个自己的子结构以及这些字结构是否认识，一直到没有子结构为止。例如图 2.6 中，“刀、口、日、火、召”都认识的条件下，我们来看学习“照”的成本。首先，“照”有两个子结构，于是成本先记为 2。接着这两个子结构中“昭”不认识，于是，我们继续计算“昭”的学习成本。“昭”有两个子结构，而且都认识。于是，“昭”的学习成本就是 2。把前后两个成本合起来就是 $2+2=4$。于是在图 2.6 给出的条件下，“照”的学习成本为 4。要注意，可以看到，如果我们先学“照”再学“昭”，成本是 $4+2=6$；如果我们先学“昭”再学“照”，则学习成本为 $2+2=4$。因此，不同的学习顺序有不同的成本，跳跃着学习的成本比较高。

那是不是就应该按部就班不跳跃地学习呢？也不是。如果说“照”的使用频率高很多，那么，先学“照”还是比较好，因为学习完了这个字之后会遇到很多次，会帮助学生进一步学习，或者尽早能够实现中文的使用。于是，学习效果，由累计字数和累计使用频率来度量。现在，我们就准备好了一个理论上作评价的框架：给定任意一个学习顺序，在这个顺序的每一步，我们能够算出来所面对的这个字的学习成本，于是也就知道了到当前位置的累计的学习成本；同时，我们能够算出来到当前位置的累计的字数和使用频率。

现在我们就用这个理论上的评价框架来比较几种不同的学习顺序的学习效率，也就是在给定成本下的收益，或者在给定收益下的成本。如图 2.15，红色的“DNW”是我们按照分配式顶点权算出来的学习顺序，“UFO”是使用频率顺序，“NOO”是从底向上按部就班顺序，“EM1”和“EM2”分别是两本教材上的汉字学习顺序。我们发现：从累计字数来看，NOO 和 DNW 的增长最快；从累计使用频率来看，DNW

和 UFO 最好。其中 NDW 比 UFO 增长更快。这表示 DNW 不管从字数目标还是频率目标来看，都表现优秀。当然，再一次强调，这是理论计算的比较，不能代替实验比较。

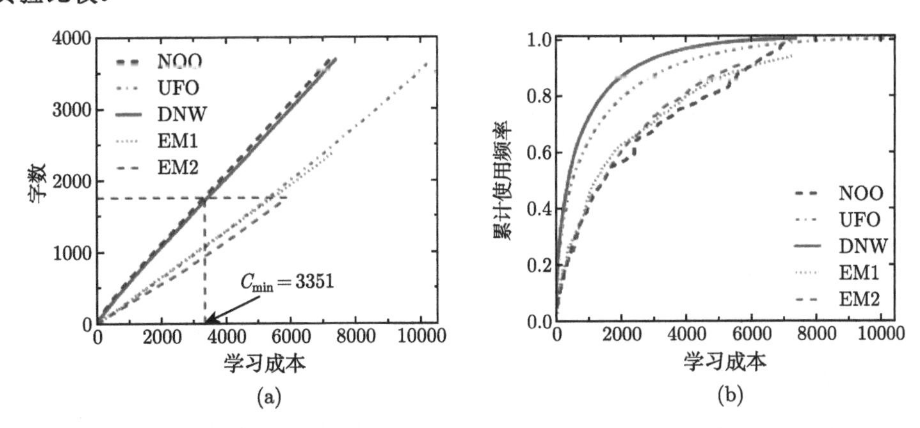


图 2.15 基于学习成本模型和学习效果的度量——字数和累计使用频率，我们比较了几种不同的学习顺序。红色的“DNW”是我们按照分配式顶点权算出来的学习顺序，“UFO”是使用频率顺序，“NOO”是从底向上按部就班顺序，“EM1”和“EM2”分别是两本教材上的汉字学习顺序。(a) 从累计字数来看，NOO 和 DNW 的增长最快。(b) 从累计使用频率来看，DNW 和 UFO 最好。其中 NDW 比 UFO 增长更快。

除了学习顺序的问题，我们还提到了检测顺序或者算法的问题。个性化的学习顺序也需要先把哪些字认得 $L$ 找出来。这个就需要高效率的检测算法。我们不能通过随机抽样或者穷举法来检测汉字得到 $L$。如果我们面对的是一箱子灯泡，那么，除了随机抽样和穷举法，我们没有什么好办法。而且，随机抽样只能给我们一个认得的比例，而不是哪些字认得，哪些不认得。那怎么办？幸好，我们的汉字之间有联系，不是基本上独立的灯泡。举一个过分简化的例子，如果我们的灯泡已经完全通过某种网络连好了，例如一维链串联，则我们就可以有比较高效的检测方法。先全部点亮试试，如果能够点亮 (假设灯泡坏的情况只有一种——断路，更复杂的情况先不管)，否则是好的。搞定。如果不亮，则可以在中间点把灯泡分成两部分，分别点亮试试。能够点亮的就去掉，不用再检查了。不能点亮的，继续在中间点检测。这个，当灯泡好的几率比较大的时候，是一个非常高效率的方法。因此，已经连起来的灯泡和分开的一箱子的灯泡相比，可以找到更加合适的高效率的方法。现在，我们的汉字是已经连起来的，当然，不是简单的一维链而是一个网络。我们问，这个时候，是不是也可以有类似的高效的检测方法。

其基本思想和学习顺序一样，还是扩散，或者说间接推断。例如，当我们考察之后，发现被考察的人不认识“木”，那么，我们就可以以非常高的概率推断这个被考察的人也不认识“林、森”。类似的，如果我们发现“森”是认识的，也可以以一定的概率推断“林、木”是认得的。那么，是不是，这样的计算可以在整个网络上算下去，每次推断几步，仅仅在网络上往前走一步还是好几步？概率如何设定？所有的这些问题都是要具体分析的，还要通过做算法和实际检测实验的对比，才能找到真的管用的高效的检测算法。但是，基本的分析思路和背后的思想就这样。

这个从汉字的死记硬背单独抄写，到把汉字的字形上的联系构成的网络用于局域检索、学习顺序和算法、检测顺序和算法的工作，实际上，正好体现了我们系统科学的精神：从孤立 (连 $A$ 都没有) 到有联系 (检索只需要 $A$)，从直接联系到间接联系 (我们的计算用到了 $A^2, A^3$ 等等)，一直到整体层面的分析。将来，我们还会看到更大的共性：我们在这里发展出来的思想和分析方法，将来还可以用在更多的其他系统上。我称这个为“联系 $^1$，联系 $^2$，联系 $^3$”。前者表示直接联系，后者表示各阶的间接联系，最后“联系 $^3$”表示在这个具体问题上提炼出来的思想和方法很可能还能用到对大量的其他系统的分析和研究上。

顺便，用这个汉字的例子来当做系统科学的典型研究工作之一，还强调了系统科学是一个面对和解决实际问题的学科，不是哲学：我们希望前面的分析工作在提高汉字的学习和检测的效率的问题上真的能够发挥作用。目前，我们正在做后续的研究，包含和合作者一起拆分出来更准确的网络结构，给出来更好的理据性解释，研究一个能够对不同群体特征甚至个体特征的学习者给出来一个个性化的学习顺序和自适应的检测算法，以及把这些算法和实际的学习和检测实验相比较，以至于最后按照这个研究结果来开发学习材料和学习材料的实验等工作。

不过，这个工作里面，其实还可以再增加一些其他的联系。将来得看看算法能不能把这些联系也放进去一起来计算。例如，实际上认识相联系的上层的字，也有可能会促进下一层字的认识。例如，还可以在连边上增加权重表示理据性：认识一个底层汉字有的时候并不能很好地帮助认识相联系的上层汉字。比如说，“木–禾”之间的联系，显然和“木–东”之间的联系，理解起来难度不一样，帮助学习的程度也不一样。当然，加入这些新的联系或者联系的权重之后，我们的基本分析问题的角度和思想是不变的，就是这样的联系可以帮助回答哪些整体层面的问题，这样的联系如何在网络上扩散起来来回答那些合适的问题，以及具体的扩散算法如何设计，到最后，这样的答案是不是能够通过实践的检验。

## ■ 2.7 相互作用与网络科学的例子: PageRank 算法

下一个体现相互作用与网络科学的例子，并且能够体现开放系统和封闭系统的差别的，是 PageRank 算法。

PageRank 算法是为了解决网页搜索结果的排序问题的：当我们通过关键词来匹配网页记录的时候，对于一个给定的关键词，我们可能得到成千上万个出现这个关键词的网页；但是人的注意力有限，一个屏幕的空间也有限，能不能有一个办法能够把跟用户想要找的内容最接近的匹配到的页面放到最前面？这个时候，用户就不用在匹配结果里面去翻找想要的页面了，体验就更好了。当然，为了根本上解决这个问题，我们需要知道用户的一些特征，可能还需要做语义上的推断，但是，有没有一些简单粗糙的方法，不太需要考虑用户行为就可以直接得到一个比较好的排序呢？而且，更进一步，如何需要考虑用户的行为和语义推断，又怎么在这个比较粗糙的方法上来做进一步改进呢？

Brin 和 Page[8] 就遇到了这个问题，并且提供了一种后来称为 PageRank 算法 (这里可以指“Page 发明的排序”或者“网页的排序”的意思) 的算法来解决这个问题。这个算法是这样的。首先，把所有的网页之间的超链接关系看做一个网络——顶点是网页连边是网页之间的超链接。这样就得到网络的邻接矩阵 $x$，其中 $x^i_j = 1$ 表示网页 $i$ 被网页 $j$ 引用，也就是页面 $j$ 上有一个超链接指向 $i$。否则，$x^i_j = 0$。接着，对这个邻接矩阵 $x$ 做一个归一化，

$$X_j = \sum_l x^l_j, \tag{2.21a}$$

$$A^i_j = \frac{x^i_j}{X_j}。 \tag{2.21b}$$

接着，有了矩阵 $A$ 之后，来计算这个矩阵的最大本征值对应着的本征向量——以后简称最大本征向量，也就是

$$Ap = p。 \tag{2.22}$$

由于矩阵 $A$ 可以看做是概率转移矩阵——元素大于等于零，列和等于 1①，于是这个矩阵的最大本征向量就是上面定义的本征值为 1 的本征向量。

从概率转移矩阵来看，这个本征向量是什么意思呢？$p$ 转移矩阵 $A$ 的平衡分布。平衡分布的意思就是如果我们让一个粒子按照 $A$ 跑来跑去，那么，扔很多次这样的粒子，并且每次让这个粒子跑很长时间以后，我们来看这个粒子在每一个点上平均停留的时间，就正比于这个 $p$。或者用一群粒子的语言，就是扔进去一大群相互之间没有影响的粒子，然后，等很长时间再来看，这群粒子在整个空间每个点上的分布函数就是 $p$。

因此，PageRank 算法的基础上概率转移矩阵，是矩阵的本征值和本征向量。不过，考虑到有的时候一个矩阵会出现一个本征值对应着多个本征向量的问题，我们需要对这个矩阵稍微做一个修正，

$$\tilde{A} = \alpha A + (1-\alpha) E, \tag{2.23}$$

其中 $E$ 是一个所有元素都是 1 的矩阵，$\alpha$ 是一个小于但是比较接近于 1 的数，用来把 $A$ 的每一个元素都变成一个大于零的数。线性代数有一个 Perron - Frobenius 定理②保证对于全部都是正数的矩阵，其最大本征向量是唯一的。

按照 Brin 和 Page 的解释，$\alpha$ 还有另一个作用：人们浏览网页的时候大多数时候按照 $A$ 在游走，但是，有的时候，会产生随机跳跃，也就是从一个之前的网页上，随机跳到任意的网页上。并且，他们的分析指出来，$\alpha = 0.85$ 是一个比较合适的大小。以上就是用随机游走的观点描绘的 PageRank 算法的图景。

Brin 和 Page 还提供了另一个解释，把本征向量的计算公式 (2.22) 写开，

$$p^i = \sum_j A^i_j p^j。 \tag{2.24}$$

① 将来线性代数和随机过程的章节会具体讲为什么符合这个性质的就是概率矩阵，并且概率转移矩阵有什么性质。如果现在要了解一下，可以验证下面的事情。第一，这个矩阵具有平凡做本征矢量 $[1,1,\cdots,1]$ 并且其本征值为 1。于是，这个矩阵的右本征值也有一个是 1。接着，验证所有的本征值都小于等于 1。例如考虑一个本征值为 $\lambda$ 的左本征向量，取最大的正的分量 $u_j$，有 $\lambda u_j = \sum_k u_k A^k_j$。由于 $A^k_j$ 都是大于等于零的，为了让右边最大，我们只需要考虑右边取和中那些都是正的，也就是 $\lambda u_j \leqslant \sum_{k|u_k>0} u_k A^k_j \leqslant \sum_{k|u_k>0} u_j A^k_j \leqslant \sum_k u_j A^k_j = u_j$，于是 $\lambda \leqslant 1$。这里的关键就是运用一个矩阵的左本征值等于右本征值的结果 (这是因为不管是左右本征值，其方程都是行列式方程 $\det(A-\lambda I)=0$)，然后把对于这个矩阵来说难算的右本征值和本征向量问题，变成做本征值和本征向量的问题。

② 见 Wikipedia“Perron-Frobenius Theorem”词条。

联系每一个顶点的度的定义，

$$d^i = \sum_j A^i_j \cdot 1。 \tag{2.25}$$

于是，我们发现，其实这就是说在 PageRank 算法里面，相当于把周围的顶点的重要性 $p^j$ 传递到所关心的点 $i$ 上来，而在如果用度来表示重要性的话，相当于每一个周围的顶点的重要性都看做一样的。前者有传播的效益：每一个周围顶点的重要性 $p^j$ 本身，也是通过 $j$ 的邻居传过来的。而这个传过来的方式就正好就是概率转移分配的方式。因此，PageRank 算法实际上描述了直接和间接重要性的综合。

我们再来一共另外一个解释。把 $\alpha$ 直接写到本征向量方程公式 (2.22) 里面去，

$$[\alpha A + (1-\alpha) E] p = p \Rightarrow p = (1-\alpha A)^{-1} (1-\alpha) e。 \tag{2.26}$$

其中 $e = [1, 1, \cdots, 1]^T$。注意到

$$p = (1-\alpha A)^{-1} (1-\alpha) e = (1-\alpha) \left[e + (\alpha A) e + (\alpha A)^2 e + \cdots\right], \tag{2.27}$$

正好体现了矢量 $e$ 在整个网络上的传播，也就是直接效益 $e$，间接效益 $(\alpha A) e + (\alpha A)^2 e + \cdots$。系数 $(1-\alpha)$ 是为了保持 $p$ 还满足归一化可以看做概率分布。这时候，我们的发现，这个公式的形式和公式 (2.20b) 是一模一样的，仅仅是那里的使用频率向量 $W$ 变成了这里的外界浏览的等权重可能性 $e$。

按照这个来自于 $W$ 的启发，也就是说，实际上我们可以考虑外界浏览不是完全等权重的某个 $p_0$，而且这个 $p_0$ 可能是依赖于用户特征的，例如网页浏览的习惯，用户感兴趣的主题等等。于是，我们自然就得到了一个后来被人叫做个性化的 PageRank 算法的东西，

$$p = (1-\alpha A)^{-1} (1-\alpha) p_0。 \tag{2.28}$$

其中个性化信息完全从 $p_0$ 来进入整个排序。

从关键词匹配独立的网页，到把网页和网页之间的超链接看做是网络，到网络上的直接和间接联系，到外界随机跳跃或者个性化跳跃的引入，整个 PageRank 算法很好地体现了从孤立到有联系，从直接联系到间接联系，从个体到整体，这个系统科学的核心思维方式。同时，由于汉字学习问题和 PageRank 算法问题解决方案和思想上的相似性，我们还看到了从具体系统来到具体系统去，跨学科这个系统科学的另一个特点。

PageRank 算法的数据基础实际上是网页的引用关系。于是，自然，我们可以联系到，是不是同样的分析方法可以用于论文之间的引用关系的分析，从而来给论文的重要性做一个排序呢？当然，实际的科学学的问题有它的自身的特点需要处理，但是，大概来说这样的分析方法是适用的，可能需要修正，例如对论文发表时间新旧的修正。实际上，这个关系，在历史发展中是反过来的。PageRank 算法的提出，除了受到概率转移矩阵的影响，也直接受到了科学学研究的启发。PageRank 算法的专利文档 [57] 中对 Pinski 和 Narin 的科学学文章 [58] 的引用。

另外一个要指出来的，为了下一个例子铺垫的，从 PageRank 算法和汉字学习这两个例子提炼出来的共性，是从封闭系统走向了开放系统：在仅仅考虑公式 (2.22) 中本征向量形式的定义的时候，实际上，我们只需要考虑重要性在系统内部的传播；当我们来考虑公式 (2.26) 和公式 (2.28) 的时候，实际上，我们引入了外界对每一个网站的需求——前者当做权重相同的需求，后者根据用户的兴趣和访问习惯统计得来。完全在系统内部传播的计算，尽管也同时考虑了直接和间接效益，被称为封闭系统的分析。需要直接引入外界来做传播的计算的，被称为开放系统的分析。在系统科学里面，很多时候，有一个思想后者技术，需要分封闭系统和开放系统来考虑。

## ■ 2.8　相互作用与投入产出分析：经济学和科学学

在经济学产业结构分析中，也经常要关心哪一个产业对整个经济更加重要的问题；有的时候还要做前瞻——例如，如果下一年我们知道消费者将需要消费更多的汽车，问这个时候整个经济将如何响应来满足这个预期的消费增加；有的时候还要讨论乘数效益——例如，如果某个工种的劳动力投入价格增加，其他产品的价格将发生什么样的变化。这样的问题，有了前面的汉字学习的例子和 PageRank 算法的例子，自然就会联想到间接联系：首先，经济需要生产这么多汽车，接着需要生产用来生产汽车的原材料，接着还需要原材料的原材料，等等。这样的问题用什么样的数学形式来描述和计算？

在科学学中，有的时候也要问领域之间的相互依赖的问题。例如，为了支持某个领域的研究的发展，需要同时支持哪个对这个领域的发展起到关键支撑作用的领域。例如，倒过来，一旦支持了某个领域的发展，哪些个其他领域的发展也能够得到推动。类似的，在科学和技术的关系中，为了推动某方面的技术的发展，需要支持哪些基础性的科学研究的发展以及相关的支撑性的技术的发展。这样的问题，实际上，和前面的产业结构的问题是很像的。是不是能够用类似的方法来分析？

为了回答前面这个经济学问题，Leontief 提出来了投入产出分析[59, 60]。假设经济系统有 $N+1$ 个产业部门，例如金融、工业、农业、居民。每一个产业部门都需要其他产业部门的投入，也把自己的产出提供了其他产业部门。例如，很多工业产品需要农产品当做原材料，还需要居民的产出——劳动力——的投入，而居民呢，则需要消费工业产品和农业产品，同时为其他产业提供劳动力。这个 $N+1$ 个部门的产业部门关系表就记录了这些产业部门之间的实物或者货币形式的投入关系 (同时也是产出关系，所以被称为投入产出分析，不是很多时候说的成本–产出分析)。为什么记为 $N+1$ 呢，最后这个 1 由于我们将要看到的原因是专门留给最终消费者——也就是居民的。当然，政府购买也可以当做最终消费的一部分，或者独立开来增加成为 $N+2$ 部门的产业结构关系表。这里还有一个假设，假设每一个产业部门只提供一种产品。实际上，不仅产业部门提供不同的产品，甚至有同一个工厂也提供不同的产品的。原则上，这个时候，我们可以把产业部门更加细分，细化到产品。不过，由于数据统计难度的问题，实际上，各个国家的投入产出表都是部门数量不多的，在这个假设来完成的。也就是说，本来我们想从产品层次的生产关系①来开始我们的研究，也就是

$$lA + mB + nC \xrightarrow{\text{机器、厂房}} qP。 \tag{2.29}$$

表示 $l$ 单位的 $A$，加上 $m$ 单位的 $B$，加上 $n$ 单位的 $C$(例如劳动力)，在“机器、厂房”里面，生产出来 $q$ 单位的 $P$。或者把“机器厂房”的部分以某种形式也放到生产关系方程中去，变成

$$lA + mB + nC + pD = qP。 \tag{2.30}$$

但是，这个数据的获得比较困难或者说还没有看到很多有了这个数据之后可以回答的新的问题的巨大好处，于是，我们就只有先从产业层次的数据开始了。产业层次的数据，原则上，就是把一大堆产品算成一个产业，然后当做合起来仅提供一种产品。于是，我们就有了各个部门之间的投入产出数量 $x^i_j$，表示部门 $i$ 的产品投入

① 这里生产关系就是指产品之间什么东西用来生产什么的这个关系。

到部门 $j$ 中的实物形式的数量或者货币形式的总量。为了简单，这个仅考虑货币形式。

有了这个 $x$ 矩阵，我们先来回答前瞻如何计算的问题：假设下一年，我们通过别的渠道知道消费者会产生一个需求上的变化 $\Delta x^i_{N+1}$，整个经济需要如何应对，也就是什么样的 $\Delta x^i_j$ 或者说 $\Delta X^i$，才能满足这个变化。回顾我们之前的定义的符号，

$$X^i = \sum_j x^i_j, \tag{2.31}$$

$$X_i = \sum_j x^j_i。 \tag{2.32}$$

其中的第二个等式，在实物形式的时候，是不能计算的——单位不一致，不同的产品的数量不能直接加起来。

现在，我们对 $X^i$ 的定义做一个变形，

$$X^i = \sum_j x^i_j = \sum_{j=1}^{N} x^i_j + x^i_{N+1} = \sum_{j=1}^{N} \frac{x^i_j}{X^j} X^j + x^i_{N+1} = \sum_{j=1}^{N} A^i_j X^j + Y^i, \tag{2.33}$$

其中

$$A^i_j = \frac{x^i_j}{X^j}, \tag{2.34}$$

$$Y^i = x^i_{N+1}。 \tag{2.35}$$

这里要注意，$x$ 是一个 $(N+1)$ 维的矩阵，$A$ 是一个 $(N)$ 维的矩阵。并且，$A$ 的“归一化”不是一个百分比，而是一个配方：每生产一个 $j$ 产品需要多少个 $i$ 产品的数量。数学形式上，重要的一点是，这个“归一化”下面的分母和上面的分子的上下标是不配套的，如果配套应该是“$\frac{x^i_j}{X^i}$”或者“$\frac{x^i_j}{X_j}$”这样的。顺便，如果这样，就回到了 PageRank 算法。

把公式 (2.33) 记做矩阵和矢量的形式，有

$$X = AX + Y。 \tag{2.36}$$

于是，得到最终的方程

$$X = (1 - A)^{-1} Y。 \tag{2.37}$$

这是一个线性方程，于是自然，

$$\Delta X = (1 - A)^{-1} \Delta Y \triangleq L\Delta Y。 \tag{2.38}$$

这里的 $L$ 就被称为 Leontief 矩阵，或者 Leontief 逆。

有了这个 Leontief 逆之后，我们可以来讨论产业部门的重要性，例如

$$z^k = \sum_l L_k^l, \tag{2.39}$$

就度量了最终消费者产生了对 $k$ 部门的一个单位的需求的变化 ($(\Delta Y)^k = 1$，其他元素都等于零)，经济的响应总量。其来自于，

$$\sum_l (\Delta X)^l = \sum_l (L\Delta Y)^l = \sum_l L_k^l (\Delta Y)^k。 \tag{2.40}$$

这就是乘数：一个小小的变化，有可能引起附带的效果，合起来可能是起始的变化的很多倍。

有了这个数学公式之后，我么来分析这个计算的合理性。首先，把最终消费者部门单独提取出来放到右边是不是合适？在经济系统中，把最终消费者单独拿出来放到右边去是自然的：经济产品的再生产和劳动力的再生产周期完全不一样；另外，前瞻也就需要一个事先做好的预期，对最终消费者做这样的预期有其他的办法。可能还有另一个原因，最终消费部门对其他部门的投入——表现为劳动力和资本的价值——也比较难做直接的统计。合起来，也就是说，最终消费者在经济学里面，确实有不看做经济生产的直接的一部分的理由。其次，我们再来问，把矩阵 $A$ 当做固定的东西，来做前瞻是不是合适的？矩阵 $A$ 的内容是生产配方，是技术水平的表现，在一段短时间内，进入生产的技术变化应该不大，所以，也具有合理性。但是，这也正好说明，我们其实可以开展类似这样的研究：当我们能够改变技术矩阵 $A$ 的时候，什么样的小小的改变带来的效果是最大的。这样的改变可能意味着技术革新，或者对产业结构的破坏等。这个对计算在系统上的实际意义的反思，在系统科学或者说整个科学里面，是非常重要的。以后我们还会回到这个话题。

我们再来看科学领域之间的相互影响的问题。实际上，我们可以把科学领域看做产业部门，于是所有的思考和关系是类似的，于是我们猜测，分析方法甚至最终的数学公式也应该是类似的。可是，一个很大的不同是，前面已经提到。在经济系统中，把最终消费者单独拿出来放到右边去是有一定道理的。但是，对于科学领

域，例如考虑数学、物理学、经济学、化学、生物学等领域之间的关系的时候，把什么东西单独拿出来放到外面比较合适呢？如果这些学科加上工程类的学科，还可以有一定的理由拿出来：工程学科对这些基础学科的投入不是很大，这些学科对工程的支持作用倒是有可能比较强，也就是说，这些基础学科内部的相互联系可能远远高于它们和工程之间的相互联系。还不能真的就是没什么联系，真的没有的话那就把工程和基础学科独立出来好了。顺便，在系统科学做系统的划分的时候，很多时候，我们不是考试是不是能够把所有的有联系的元素都包含进来，而是在合适的差不多能够截断的地方截断，让系统内元素之间的相互联系远远比系统内外的联系要紧密。因此，把什么样的东西还放在系统里面，但是又可以拿出来当做系统的外界来研究，是很微妙的问题。

那，也就是说在科学学问题里面，原来经济系统的投入产出分析——需要把某一个部门拿出来放到方程的右边，不能直接使用，尽管分析思想——投入产出关系和直接间接联系的综合——非常一致：一个学科对其他学科的影响力不能仅仅通过这两个学科之间的引用来看，有的时候这个学科通过第三个学科间接来影响这个学科。那怎么办？

我们自己的工作[61] 提出来了一个基于矩阵本征值和本征向量的分析方法。从原始的封闭系统的 $(N+1)$ 维的矩阵 $A$ 开始，考虑去掉任意一个部门 $k$(于是在矩阵中删除相应的第 $k$ 行第 $k$ 列)，计算这个 $N$ 维的矩阵 $A^{(-k)}$ 的最大本征值 $\lambda_{\max}^{(-k)}$ 和相应的右本征向量 $\left|\lambda_{\max}^{(-k)}\right\rangle$。然后，我们把这个本征值和原始 $(N+1)$ 维的矩阵 $A$ 矩阵的最大本征值 (1) 的差，当做这个部门 $k$ 的重要性，也就是

$$IOF_k = 1 - \lambda_{\max}^{(-k)}。\tag{2.41}$$

同时，我们也通过相应的本征向量定义了部门 $k$ 和其他部门的来联系。这就等到以后详细介绍“广义投入产出分析”的时候再来讨论了。

那为什么这样定义的量可能是有意义的呢？首先，在原始的 $(N+1)$ 维的矩阵 $A$ 中，这个最大本征值和本征矢量是有意义的：后者表示投入的配比，前者表示在这个配比下产出正好等于投入，没有任何损失。也就是找到了这个系统的一种最优配方。当我们去掉一个部门的时候，由于这个部门不能再给其他部门提供相应的原材料也不能再处理其他部门过来的原材料，因此，整个生产配比需要发生变化。可以想象，如果我们去掉的部门基本上不参与其他部门的生产，或者具有一个

强烈可替代的部门，那么，这个配方就变化很小，整体生产率也变化很小，也就是说，$\lambda_{\max}^{(-k)}$ 会接近于 1。

不过，我们后来发现这个通过“封闭系统投入产出分析”计算出来的量实际上和 PageRank 值具有一定的内部联系，甚至在守恒网络——就是每一个点的总投入等于总产出——里面，这个量和这个部门的总产出也是直接联系在一起的。另外一个能做的分析是，从始的 $(N+1)$ 维的矩阵 $A$ 开始，我们可以把任意一个部门 $k$ 放到右边，而不是像传统投入产出分析中的仅仅把部门 $N+1$ 放到右边，然后计算矩阵逆。我们称这个方法为“目标外界投入产出分析”。这个关于不同的量之间的联系也等到详细介绍“广义投入产出分析”的时候再来讨论。

现在，除了传统投入产出分析，我们还有封闭系统投入产出分析、目标外界投入产出分析、PageRank 算法(和投入产出分析的数学形式相同，仅仅是定义略有差别)。将来我们会更清楚地看到这些方法其实都可以看做一个统一的分析方法。这些个方法除了汉字之间的音形义关系、经济生产关系、论文引用关系、科学领域关系，还可以用来分析各种具有投入产出关系的系统，例如科学与技术之间的关系，科学技术和经济的关系，国家之间的贸易或者论文引用关系等。前面我们把产品生产看做了化学反应。因此，这些方法实际上，也能用于化学反应网络的研究。

## ■ 2.9　系统生物学和化学反应网络：流平衡分析

对于一个化学反应

$$\mathrm{lA} + \mathrm{mB} \underset{2}{\overset{1}{\rightleftharpoons}} \mathrm{qP},$$

我们可以依靠化学反应速率定律和质量作用定律 [62] 写下来一个各种物质浓度的演化方程，

$$\begin{aligned}
\frac{\mathrm{d}}{\mathrm{d}t}A &= lk_2P^q - lk_1A^lB^m + b_A,\\
\frac{\mathrm{d}}{\mathrm{d}t}B &= mk_2P^q - mk_1A^lB^m + b_B,\\
\frac{\mathrm{d}}{\mathrm{d}t}P &= qk_1A^lB^m - qk_2P^q + b_P,
\end{aligned}$$

其中 $k_1, k_2$ 是正反应和逆反应的反应速率常数——单位时间发生了多少次这个化学反应，$b_A$ 是外界输入系统内的 $A$ 的单位时间内的流量，其他外界流量的定义也类似。

更一般地，我们可以把每一种反应物的浓度 $(X_i)$ 的变化都用下面的一般的方程来描述

$$\frac{\mathrm{d}}{\mathrm{d}t}X_i=\sum_{r=1}^{M}\kappa_r\Pi_{j=1}^{N}\left(X_j\right)^{\frac{\left|S_j^r\right|-S_j^r}{2}}S_i^r+b_i, \tag{2.42}$$

其中 $S_j^r$ 称为反应系数矩阵，表示化学反应 $r$ 发生一次会产生 (正值) 或者消耗 (负值) 多少个 $j$ 物质的分子，$\kappa^r$ 是这个化学反应 $r$ 发生的速率常数。指数 $\frac{\left|S_j^r\right|-S_j^r}{2}$ 永远是正的，尽管 $S_j^r$ 有正负。$b_i$ 表示外界对系统的物质 $i$ 的输入 (正值) 或者取出 (负值) 的速率。在这个方程里面，我们发现，系统的系统的行为完全由外界参数 $S_j^r,\kappa_r$ 和 $b_i$ 决定。如果我们想了解这个反应的动力学，我们只要把上面这个方程，针对给定的初始条件求解出来，就可以了。当然，我们还可以给浓度加上空间的变量——也就是允许各个点的各物质的浓度不一样，$X_i\left(\vec{r},t\right)$，而不仅仅是时间变量的函数。于是，加上扩散项，就会成为更一般的反应扩散方程。于是，剩下的事情，就是求解一下这个方程了。

但是，第一，求解这样的方程不是意见容易的事情，第二，有些时候可能有的问题不用把这样的方程直接求出来也能够回答，所以人们就开始寻求不直接求解方程，而来做更加粗粒化的基于 $S_i^r$ 结构的分析。我们来看一看这个分析大概是怎么做的，系统科学可以从里面吸取什么东西。

定义反应 $r$ 的发生速率

$$v_r=\kappa_r\Pi_{j=1}^{N}\left(X_j\right)^{\frac{\left|S_j^r\right|-S_j^r}{2}}。 \tag{2.43}$$

于是公式 (2.42) 成为如下的方程，

$$\frac{\mathrm{d}}{\mathrm{d}t}X_i=\sum_{r=1}^{M}v_rS_i^r+b_i, \tag{2.44}$$

如果我们主要关心稳态，则方程可以进一步简化

$$\sum_{r=1}^{M}v_rS_i^r+b_i=0。 \tag{2.45}$$

记做矢量的形式，对于开放系统和封闭系统 $(b_i=0)$ 分别有

$$vS+b=0, \tag{2.46}$$

$$vS=0。 \tag{2.47}$$

注意，这两组线性方程实际上有很大的欺骗性，看起来，$v$ 好像能够完全由 $S$ 决定，从而在从这个求解出来的 $v$ 算出来 $X$。实际上，这两点都是有可能不成立的：$S$ 不能唯一决定 $v$($S$ 不是正方形的，未知数和方程的数量不一样)，已知 $v$ 以后，也不一定能够求出来唯一的 $X$。实际上，对公式 (2.43) 两边求对数，可以得到另一组线性方程，而线性方程解的存在和唯一需要满足适当的条件。先不管这个带有欺骗性的表示，我们至少把问题看起来简化了很多很多。至少，这时候，我们就发现了这两组线性方程和前面的投入产出分析的相似性：相当于求矩阵逆 $v = bS^{-1}$ 或者矩阵 $S$ 的本征值为 0 的本征向量。也就是说，我们只需要研究矩阵 $S$ 的特征，就能够解决化学反应的定态的问题。

将来我们还会看到，这个矩阵 $S$ 实际上代表了一个二分网(Bipartite Network)：$S_r^i$ 中的 $r$ 代表了化学反应顶点，$i$ 代表了反应物顶点，而这个具体的数值 $S_r^i$ 当不等于零的时候，代表了两种顶点之间的连接。同时，由于我们规定了正负号，实际上，还是一个有向二分网。这个有向二分网就被称为化学反应网络 [62]。实际上，不仅仅是化学反应，产品生产、基因调控都可以表达成为这样的化学反应。

有了这个二分网，我们没准可以从网络的角度来研究化学反应的定态。例如，是不是什么样的化学反应就对应着什么样的动力学呢？在这里，我们不具体展开化学反应网络的结构和定态之间关系的研究，而是转而讨论化学反应网络上的流平衡分析(Flux Balance Analysis)[63, 64]：假设我们能够用某种方式，例如加上额外的约束 $F(v) = 0$，从公式 (2.46) 或者公式 (2.47) 求解出来 $X$，那么，是否可以讨论，如何改变 $S$，能够得到更加希望得到的 $X$ 的问题。这个更加希望得到的 $X$ 可以表示成为某个 $X$ 的目标函数 $G(v)$，希望取得某个极值。这个时候，我们就可以讨论类似这样的问题：在 $S$ 中去掉一个化学反应或者去掉一个反应物，或者去掉几个化学反应或者反应物，会怎样？这样的问题在系统生物学的研究中具有重要的地位，去掉某些基因于是某些化学反应的调控出了问题，或者某些生成物没有了，系统会怎样。如果约束函数 $F(v)$ 和 $G(v)$ 刚好是线性的就更好了，还可以用线性规划的方式来求解这个约束下优化的问题。

来自文献 *What is flux balance analysis?*（《流平衡分析简介》）[65] 的图 2.16 就是这样一个例子：先计算在方程中去掉单个基因的影响，然后计算去掉任意一对合起来的影响，接着对比这个影响。图中蓝色越深表示影响越大。可以看到，对于一大群基因，任意和其他基因的组合都有比较严重的影响——也就是图中的成带状的图。这说明，对于这些基因，组合组合溢出效益基本不用考虑，去掉单独的那个已经影响很大，再去掉另一个基因不会产生严重得多的影响。但是，其中另外一些，只出现在孤立的地方——见图中那些孤立的蓝色点。这说明，单独去掉其中一个基因都没有太大的影响，但是，同时去掉两个则能够有很大的影响。

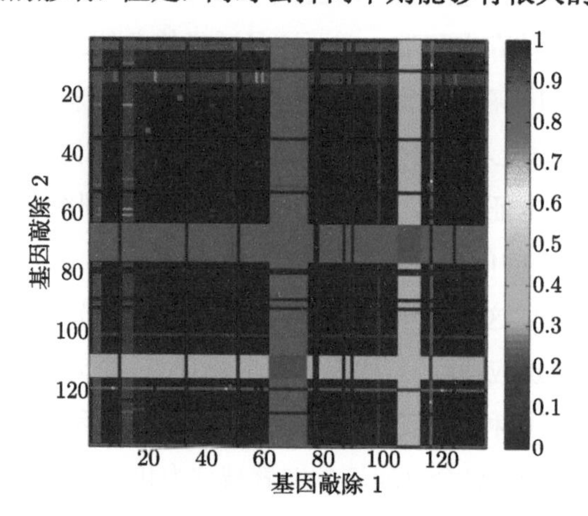


图 2.16　把 E.coli 的 136 种核心基因中的任意两种敲除。注意那些孤立出现的蓝色和深蓝色的点。成带状的蓝色区域对应着去掉一个就有很大影响的基因。孤立出现的那些点表示只有把那两种基因组合起来才会有比较大的影响，单独去掉其中一种影响不大。图来自于文献[65]。

那，在这个例子里面，哪里系统科学了？首先，在这里，系统的各个单元之间的相互影响用一个矩阵或者网络的形式来描述。其次，当讨论其中一个单元对整体系统的影响力的时候，我们需要同时考虑直接和间接效果，也就是计算矩阵逆或者矩阵本征值和本征向量。再次，组合溢出效益典型地体现了相互作用的效果：两个单元同时去掉的影响，不是单独去掉每一个再加起来的效果。最后，分析方法的数学形式上和思维方式的一致性使得我们看到了汉字研究的分布式顶点权算法、PageRank 算法、开放系统投入产出、封闭系统投入产出和化学反应的流平衡分析这些算法的统一性。由于这个统一性，我们把它们合起来称为“广义投入产出分析”。这体现了系统科学从具体系统到一般方法再到具体系统以及研究问题和研究方法的自然的跨学科性。

将来我们会逐个建立起来这些方法中在数学形式上的联系，例如 PageRank 矢量是概率转移矩阵的本征向量实际上和投入产出矩阵的本征矢量其实是一一对应的，例如个性化 PageRank 分析就相当于包含外界的投入产出分析，例如封闭系统的投入产出分析实际上和 PageRank 算法具有内部联系。我们也会发展一些同时适用这些方法的微扰计算和近似计算。并且我们还会把这个微扰和近似计算和传统物理学的 Dyson 方程和 Croon 函数相联系。在更高的层次上看到统一性，也是系统科学的典型思维方式之一。

有了这几个例子之后，我们就可以来进一步解释“联系 $^1$，联系 $^2$，联系 $^3$”的含义了。第一层含义是这样的:“联系 $^1$”指的是通过在具体问题中关注联系，我们可以更好地理解这个具体问题；“联系 $^2$”指的是其实这样的系统经常会存在分析方法上的共性，也就是看到联系的联系；“联系 $^3$”的意思是在思维方式的层次，对联系的关注应该成为问题解决、理解世界的一个普遍的角度。第二层含义是在前面几个例子中，我们都看到了，我们所做的计算实际上就是一个矩阵 $A$ 的一次方、二次方、三次方，很多次方甚至无穷多次方。因此，这个“联系 $^1$，联系 $^2$，联系 $^3$”还代表了这个广义投入产出分析方法的具体公式。在这两层意义上，我们说系统科学就是帮助大家看到不容易看到的但是本来就存在的能够促进问题提出和问题解决的联系。为了强调这个“联系 $^1$，联系 $^2$，联系 $^3$”的意义，我们把它称为系联性思考，也就是

$$\text{系联} \triangleq \text{联系}^1,\ \text{联系}^2,\ \text{联系}^3$$

## ■ 2.10 博弈与相互作用的例子

以二人博弈 (完全信息静态) 为例，博弈是两个决策者的收益相互影响的条件下做决策的情景 [66]。博弈者 $i$ 能够选择的行动集合是 $s^i \in S^i$。在所有博弈者都选择了行动之后，每一个博弈者会受到一个收益，它是所有行动合起来的函数，$E^i\left(s^1, s^2\right)$。很多时候 $E^1\left(s^1, s^2\right) \neq E^2\left(s^1, s^2\right)$。博弈理论回答: 在这样的情形下，博弈者将如何做出决策。理论需要给出来博弈者的决策，并且计算出来的这个决策还能够与实验或者实际情景相符。

和物理学一样，经济学也很大程度上依赖于数学: 从经济学问题中提炼数学概念，把数学概念用于描述和解决经济学问题。在博弈论之前的经济学背后的数学问题，很多时候是优化问题: 对于一个自变量 $x$，给定约束，给定目标，寻找满足这个约束的目标取极值的 $x^*$；如果这样的 $x^*$ 有很多个，还需要解决最优解的精炼的问

题，例如通过研究这些最优解的稳定性或者提出更多的其他目标或者约束。从这个意义上说，博弈论使得经济学从一个目标函数的优化问题变成了可能相互冲突的多个主体的多个目标的优化问题。也就是说，当你优化 $x_1(x_2)$ 的时候，有一个目标函数 $E_1(x_1;x_2)$①$(E_2(x_2;x_1))$，并且有它们自己的约束，更加重要的是 $E_1(x_1;x_2) \neq E_2(x_2;x_1)$，也不是相容的单调增函数，例如 $E_1(x_1;x_2) = G(E_2(x_2;x_1))$。如果是单调增函数，则实际上优化 $E_2$ 就相当于优化 $E_1$，于是还是一个目标函数的优化问题。下面我们还会举例子来说明这个关系。

为什么我们要从这个角度来看博弈论？从共同目标函数或者无关目标函数的优化，变成相关并且不是单调相容的多个主体的多个目标函数的优化，实际上，就引入和主体之间的相互作用。因此，从这个意义上说，从优化的经济学变成博弈的经济学，就是从孤立到有相互作用。因此，就可以看做是系统科学的研究对象。将来，我们还会看到，博弈论不能简单地看做数学理论——从经典的数学化的博弈理论计算出来结果大多数时候和博弈实验的结果不相符。因此，实际上，博弈论还是一个发展中的科学，而不是数学。其根本目标是建立一个能够解释实际观测到的主体的行为的理论模型。从这个意义上来说，博弈理论就更加像系统科学。此外，从单个主体的决策问题，变成两个主体的能够解释其行为的博弈科学模型，再到有相互利益冲突的多人的决策模型——也就是多人博弈，博弈就更加像一个系统科学的研究对象了。因此，从这个意义上，我们博弈列为系统科学导论的一小节。

除了这个整体意义上的博弈论学科体现的系统性和科学性，在细节的层面，也有反映跨学科性的例子。例如，博弈论中为了描述博弈者并不是只选择收益最高的选项而是以更大的倾向性选择收益更高的选项，McKelvey 和 Palfrey 提出来一个叫做随机反应均衡 (Quantal Response Equilibrium) 的概念 [67]，其实就是把最优反应函数——选择收益最高的——变成了一个来自于统计物理学的 Boltzmann 分布函数，例如 $\rho(s^1) \propto \mathrm{e}^{\beta E^1(s^1;s^2)}$。其中 $E^1(s^1;s^2)$ 是博弈者 2 选择 $s^2$ 被固定的情况下，博弈者 1 选择 $s^1$ 获得的收益。当然，McKelvey 和 Palfrey 提出这个概念的背景不是统计物理学的 Boltzmann 分布，而是信息的不确定性等其他因素。但是，也完全可以直接从统计物理学的 Boltzmann 分布来写下来这个定义 [68, 69]。

另外一个稍微大一点的跨学科的结合是博弈论和量子力学的结合，称为量子

① 这里，为了强调我们优化的变量是 $x_1$，把 $x_2$ 当做常数，我们中间用了分号“;”。

博弈 [68,70−72]。当我们把经典博弈看做是对于经典对象的操作的选择——例如猜硬币游戏可以看做是翻转硬币游戏，在那里两个博弈者来翻转或者不翻转一个硬币，硬币的末状态决定两个博弈者的收益，例如正 (反) 面的时候第一 (二) 个博弈者赢——的时候，自然，我们就可以问，如果我们来操作一个量子对象，例如自旋，会怎样，理论是否需要修正？我们自己的研究发现，这个时候，需要把经典概率的密度分布函数，变成，量子概率的密度矩阵 [68, 72]。这个变化，就好像从经典力学变成量子力学的时候一样，那时候，也是从经典概率的密度分布函数变成了量子概率的密度矩阵。

除了优化问题的思路，有的时候，还从演化的角度来讨论博弈，称为演化博弈论[73]。一开始，演化的角度是为了解决博弈的解——例如其中一个重要的解的概念叫做 Nash 均衡——的求解和精炼的问题。前者是研究怎么把所有的 Nash 均衡求出来，后者是讨论如果这样的解有多个，那么，哪一个应该用来描述现实。当然，在演化博弈提出来之前，博弈论研究者也提出了一些解的精炼办法，例如颤抖的手的精炼等。演化博弈提供了另一个思路。它把静态博弈中某一个解的出现和解释能力，看做是这个策略和其他大量的可能解或者甚至不是 Nash 均衡解的策略相互竞争的结果：一个能够通过这个策略相互竞争活下来并且占有很大比例的策略，就是具有现实解释力的策略，而不用去管这个策略是不是 Nash 均衡。于是，问题转化为如何描述这个策略相互竞争的动力学，进而，一旦有了这个动力学过程和方程，就可以讨论这个过程的定态和定态的稳定性——就是万一发生了策略的突变这个突变是不是会慢慢消失于是维持这个定态还是这个突变会使得系统跑到另一个定态上去。这样，问题就转化成了前面提到的动力学系统的状态和相变的问题。另一方面，也可以用这样的演化过程，或者说学习过程 [74]——因为学习和模仿是这些演化规则背后重要的理念，是比静态解的概念更加基础的概念——从理念上和实际结果上，来在一定程度上解释静态解的出现。例如所谓的演化稳定的解和 Nash 均衡之间有非常大的联系。

除了这些把知识、概念和分析方法借鉴到博弈论体现的跨学科性，还有把来自于自然科学的思想和技术和博弈论结合来解决博弈论本身最核心的问题的研究。我们提到了博弈论本身的主要问题是理论的解和实际实验的结果很多时候不相符①。例如，囚徒困境的理论解是所有人都相互背叛，但是实际实验的结果是还

① 当然，就算在目前的博弈的数学理论下，博弈的求解和解的精炼，也是可以进一步研究的问题。

是有很多人选择相互合作。如果考虑重复的囚徒困境，按照反向推理得到的理论解是任何时候两个博弈者都会相互背叛，但是，实际实验还是发现存在大量的相互合作。例如，蜈蚣博弈 (Centipede Game) 按照反向推理得到的理论解是第一轮就结束游戏，而实际实验的结果是往往游戏可以进行很多轮。例如最后通牒博弈的理论解是提议者给出最少的能够给的不为零的量，接受者都会接受。但是，实际实验发现很多时候，提议者会给出来接近 30% 的钱给接受者。除了这些还有很多的其他的博弈，理论和实验结果也不相符。作为一门科学，博弈论首先要能够解决这个在简单的少数几个人的博弈的情况下，理论能够和实验不能相符的问题。

解决这个博弈理论的核心问题之后，将来才能够考虑多人的博弈问题，带结构的多人的问题。这里带结构的意思是说，每一个人和周围人的关系并不是完全一样的，有联系人的数量和紧密程度，对于每一个个体可能都是不一样的。一个描述这样的带结构的人群的自然的语言，就是前面我们已经用过的网络。

因此，从这个意义上，我们把旨在描述可能具有结构的多人的实验和现实中的博弈者行为的博弈论看做是一个具有系统科学特性的学科。当然，我们一直强调，系统科学要能够解决来源学科感兴趣的问题，还要能够从这些问题的解决里面提炼出来一般的分析方法和思维方式，然后用到更多的其他问题中去。在博弈研究上，目前系统科学主要关注前面半句话——先依靠分析问题的视角、思维方式、分析方法和多学科的知识来解决博弈这个学科本身关注的问题然后也可能可以提供一些问新问题的角度，至于后面这个从具体到一般再到具体的升华，那就要靠后续的研究工作了。

## ■ 2.11　约束下定态与动态过程的优化的例子

前面我们提到了系统科学和数学的关系，说基本上系统科学就是用数学来描述和解决自于非特定领域的具体问题，以及从这些问题中提炼出来数学的概念和分析方法。也就是说，系统科学首先是科学，然后所研究的现象具有系统性 (相互作用、从孤立到联系到间接联系、涌现) 和跨学科性 (问题和方法的内在一致性)。可是，有的时候，这样的问题一旦自己形成学科，那么，就成了那个学科内部的问题了。或者，有的时候，这些问题本来就在它们自己的学科中。还有的时候，问题提出的时候没有一般性的方法，也不在已经有的传统学科内，那么，就会暂时成为系统科学的研究对象，直到这个问题完全变成一个应用数学的问题，而这个问题的理论完全变成数学的一个分支。在这一章的最后的几个例子——运筹学和控制论，就属于这样的情况：问题提出的时候不在某一个具体学科里面，问题的答案已经找到并且成为数学的一个标准的分支，尽管解决方法本身还有具有一定的跨学科性，那不过就是数学的性质——数学原则上本来就可以用于任何一个具体学科。

这部分已经从系统科学进入到系统工程——也就是系统科学的应用——的层次，或者说，如果有科学问题的话也是在从系统工程里面提出来的科学问题这个层次。这部分不是本书的重点。在此，作为系统科学的典型例子讨论以下，后续就不在展开。当然，如果有一天，从系统工程来的科学问题足以促进系统科学本身的发展的时候，我们还会把这样的内容再一次放到系统科学中来。下面的两个例子一个体现了系统科学的相互依赖关系的直接和间接影响——也就是网络的视角，一个体现了系统科学的交叉学科特征——来自于物理学的数学结构和概念用于控制问题。在这个意义上，它们是系统科学。

定态优化问题——给定约束 ($C(x;\alpha) \geqslant 0$ 或者 $C(x;\alpha) = 0$，其中 $x$ 是一个或者多个自变量，$\alpha$ 是参数)，给定优化目标函数 ($O(x;\alpha)$)，找到合适的自变量取值 ($x^{*}$)，使得目标函数在这个自变量取值点上正好是极值——很多时候也被称为运筹学(Operations Research)[75]。例如线性规划就是当约束函数和目标函数都是自变量的线性函数的时候，例如 $O(x;\alpha) = \alpha^{T} \cdot x$ 可以表示 $x$ 中的第 $i$ 个元素代表的那项的价值是 $\alpha_i$，于是整个 $x$ 的价值就是两个矢量的内积 $\alpha^{T} \cdot x$。这个时候，我们要问这样的优化问题怎么解决。解决这样的问题的数学理论和计算技术就被成为线性规划。当然，我们还可以研究非线性规划，也就是目标函数或者约束函数存在高阶项的时候。

按照文献 [75] 的说法，Operations Research 这个名字的来源是因为历史上这个学科发展初期的问题背景基本上是军事项目 (military operations) 的资源分配优化问题。在那里资源有约束，还有目标要满足并且最好优化，然后问，这个时候资源如何分配。例如在有限的钢铁以及有限的负重的条件下，决定把额外的钢铁保护层加在飞机的什么部位才能够更好地保护飞机。当然， 也可以把钢铁和负重本身当做优化目标。这就成了多目标优化问题。下面我们要介绍的一个例子可能更适合中文的名字“运筹学”——如何安排任务的顺序，使得任务之间的顺序依赖关系以及其他约束能够满足，并且总时间或者其他成本最小。

动态过程的优化问题——给定系统本身的演化方程 ($\dot{x}=f(x,t)$)，给定外部控制加入的方式 (也就是通过加入 $u$ 把系统本身动力学变成了特定的 $\dot{x}=f(x,u,t)$)，给定优化目标变量 ($y=g(x,u,t)$) 和优化目标函数 ($y(t_f)=y^*$ 或者，或者更一般地 $\int_{t_0}^{t_f}\mathrm{d}\tau\,|y(\tau)|$ 取极小值①)，来问什么样的 $u(t)$ 会使得这个优化目标取极值这样的问题，很多时候也被称为控制论[76, 77]。这样的给定目标函数优化动力学过程的问题，在物理学里面，通常用变分法和 Hamiltonian 方程、Lagrangian 方程来解决。这里，我们也会发现，需要用到这样的方法。于是，控制论也是一个把物理学的技术和概念用于更广泛的实际问题的例子。从这个意义上说，也是系统科学的好例子，同时也体现为什么要做系统科学好好学习物理学。对于控制论，和运筹学一样，线性系统的问题是解决的最好的：什么样的线性系统能够被控制到期望的状态，如果能够控制的话，控制信号 $u(t)$ 应该怎么加，都已经得到回答，有相应的理论和公式。当然，一个额外的可以研究的问题是，如何加进去这样的 $u(t)$，也就是对于给定的动力学 $\dot{x}=f(x,t)$ 和目标 $\int_{t_0}^{t_f}\mathrm{d}\tau\,|y(x,\tau)|$(这时候，这两个函数都没有自变量 $u$)，采用什么样的 $\dot{x}=f(x,u,t)$(这时候加上自变量 $u$) 会使得系统能够被控制，或者更低成本地被控制。

当然，在学术研究的角度来说，对于非线性系统的优化的研究，不管是定态的还是动态的，还是一个开放问题，也需要具体的来自于实践或者其他学科的问题来推动这个研究。从这个意义上说，运筹学和控制论还是系统科学。而且，按照我们在讨论动力学那一节提出来的线性方程相当于无相互作用系统的视角，实际上，现有的运筹学和控制论理论基本上都是针对无相互作用的系统的，而系统科学的特点就是包含相互作用的单元构成的系统。因此，对于非线性系统的研究就更加符合系统科学的特点。也正是在这个意义上，无论在动力学或者优化的问题的研究上，系统科学总是把非线性当做一个重要研究对象，甚至有的时候称为系统科学的特点。其实，本质上来说，还是因为非线性代表了相互作用。

从这两个分支学科的现状来说，把它们看做数学的分支并且目前主要是在做工程应用层面的研究，也就是应用数学是更加合适的。或者一定要算成系统科学

① 前一个优化目标也可以从形式上变成后一个优化目标的表示形式，例如取优化后者的目标函数为 $\int_{t_0}^{t_f}\mathrm{d}\tau\,|y(\tau)-y^*|\,\delta(\tau-t_f)$。

的话，那就是系统科学的应用层面的学科——系统工程。当然，前面提到了，还是有一些问题，例如非线性系统的定态和动态优化的一般理论，例如如何加入控制信号的研究而不是加入什么控制信号的研究，是属于研究层面的问题，而不仅仅是应用。顺便，这一节的目的除了交代一下这两个分支学科和系统科学和数学的关系之外，还想对它们提供一个全景鸟瞰式的描述。在这个基础上，需要的时候，读者再次去学习这它们会更简单。学科的大图景，不管是在学习还是研究中，都是要随时来思考、总结和把握的 [15]。

下面是两个基本上能够反映运筹学和控制论是什么的例子。

### 2.11.1 约束下定态优化的例子：项目管理

先举一个约束下求极值的简单例子。这个例子的目的就是熟悉一下 Lagrangian 乘子法。

**例 2.3**(周长固定面积最大的长方形) 有一段线长度为 $L$，希望拉成一个长方形，什么样的长方形的面积最大。

假设做出来的长方形的边长分别是 $x, y$，把上面的问题写成如下的目标函数和约束

$$\max\{S = xy\}, \tag{2.48}$$

$$2x + 2y = L。 \tag{2.49}$$

写下来 Lagrangian 乘子法的目标函数

$$\max\{F(x, y, \lambda) = xy + \lambda(L - 2x - 2y)\}。 \tag{2.50}$$

优化这样一个函数和优化原始的目标函数是一样的，只要最后找到的解满足

$$\frac{\partial}{\partial\lambda}F(x, y, \lambda) = L - 2x - 2y = 0。 \tag{2.51}$$

而这个新的目标函数没有了约束，就可以直接做偏导数来求解了。除了上式，我们还有

$$\frac{\partial}{\partial x}F(x, y, \lambda) = y - 2\lambda, \tag{2.52}$$

$$\frac{\partial}{\partial y}F(x,y,\lambda)=x-2\lambda。\tag{2.53}$$

于是，求得

$$x=2\lambda=y=\frac{L}{4}。\tag{2.54}$$

当然，实际上，周长固定面积最大的图形是什么本身也是一个很有意思的问题。

下面的项目管理的例子，才是真正体现运筹学，并且有一定的系统科学特点的例子。

有一天我家两孩子要吃手工饼干，为了下面的分析简单，我假设只有我一个人能够动手做，也就是不能同时完成两件需要我注意力的事情，但是，不需要我的注意力的事情，例如融化黄油、烤箱烤制、冰箱冷冻材料等任务原则上可以同时完成，只要一个我们家里已经有的计时器的帮助。我们先来分析为了“有饼干可以吃”需要完成哪些事情，并且这些事情之间有什么依赖关系。首先，我那天想做两种饼干——蔓越莓饼干和普通曲奇饼干或者两种之一，并且开始动手的时候也没想好到底要做那一种饼干。这是事实，我经常边做边想。假设对于孩子们来说，只要吃到饼干就满足了。蔓越莓饼干需要的原材料有蔓越莓、低筋面粉、鸡蛋、黄油、糖。曲奇饼干需要的原材料有黄油、糖、淡奶油、低筋面粉。大概来说，蔓越莓饼干的制作流程包含：软化黄油 (控制好水温隔水加热大约需要 15 分钟)、取出和称量蔓越莓 (2 分钟)、取出和称量低筋面粉 (4 分钟)、取出和称量糖 (1 分钟)、取出和称量黄油 (2 分钟)、取出鸡蛋 (0.5 分钟)、打发黄油糖 (5 分钟)、加入鸡蛋继续打发 (1 分钟)、倒入蔓越莓 (0.5 分钟)、筛入面粉 (2 分钟)、充分混合各种材料并整理面团成形 (5 分钟)、在冰箱冷冻面团 (60 分钟)、取出冻好的面团并切片 (10 分钟)、烤箱预热 (5 分钟)、烤箱烤制 (20 分钟)、取出放凉 (10 分钟)。曲奇饼干的制作流程包含：软化黄油 (控制好水温隔水加热大约需要 15 分钟)、取出和称量低筋面粉 (4 分钟)、取出和称量糖 (1 分钟)、取出和称量黄油 (2 分钟)、打发黄油糖 (5 分钟)、在打发黄油中加入淡奶油并继续打发 (3 分钟)、筛入面粉 (2 分钟)、充分混合各种材料并用裱花袋作出饼干形状 (10 分钟)、烤箱预热 (5 分钟)、烤箱烤制 (20 分钟)、取出放凉 (10 分钟)。

有了这个过程，我们来关心以下几个问题：大概来说，孩子们要等多久能够吃上饼干？最好的任务顺序安排是什么？哪些任务是最关键的，不能延迟的，哪一些是可以时间上稍微自由一点拖延一点的？哪一些任务如果节省了时间可以大大提高整个等待时间？

实际上，我们还忽略了蔓越莓的生长、蔓越莓干的制作和购买、小麦的生长、面粉的制作和购买等等，以及烤箱、容器、称、刀具等制作用具的购买。为什么我们能够省略这些过程呢？因为在我们所关心的问题中，这些因素可以当做外生变量，可以是很久远之前就准备好的。把问题的边界定在什么地方是一个很重要的问题。在这里，为了回答我们之前问的几个问题，显然这些被忽略的因素都是次要的。

现在，我们问，有了问题，有了任务分解和任务依赖关系，我们如何来回答这个问题呢？我们最好对数据先有一个好的表示：如何来表示任务之间的关系呢？任务之间有依赖关系——有一些任务只能在其他任务完成之后来完成。任务之间还有替代关系——有的时候，后续任务依赖于前面的几个任务中的一个，只要完成其中的一个，后续任务就可以进行。任务还有消耗时间的属性。其实任务还有需要原材料的属性。不过原材料上的依赖关系基本上已经体现在任务的前后依赖关系中，因此，也先忽略。这样的任务之间的关系，用什么数学结构来表示呢？

网络，依赖关系和替代关系都可以通过网络来表示：任务当做节点，关系当做连边，在节点上加上一个描述任务时间的属性值，如图 2.17。我们注意到所谓的完成任务就是从起点“称黄油”到达重点“有饼干吃”的一个路径。于是，任务的总时间，也就是这样的路径的长度。可是，在这个图中，由于有两种关系“才可能”和“合起来才可能”，不能直接通过路径连起来就算完成任务，有的时候，还不得不把那些“合起来才可能”的任务的时间也算上。这样就导致将来研究计算分析方法的时候比较困难。有一种简单粗暴的近似方法可以解决这个问题：把所有的“合起来才可能”变成“才可能”，通过把同时依赖关系整合到后面的步骤里面去。例如，必须称量好面粉才能把面粉和打发好的油糖混合起来，可以变成，在打发好的油糖的基础上，称量和混合面粉。也就是把称量的步骤和时间算到后续的混合里面去，得到图 2.18。这样做的坏处就是，任务合并了，于是有可能可以省时间的地方省不了了。例如，称量面粉原则上可以在等待某些其他任务完成的期间来完成的，于是不单独消耗时间，但是由于整合到了后续步骤里面，就必须单独消耗时间了。顺便，在这里我们也看到了没有好的分析——细分系统还原论，就没有好的综合——也就是整体论。对于烤箱预热这一点，我们这个近似尤其有值得商榷的地方。本质

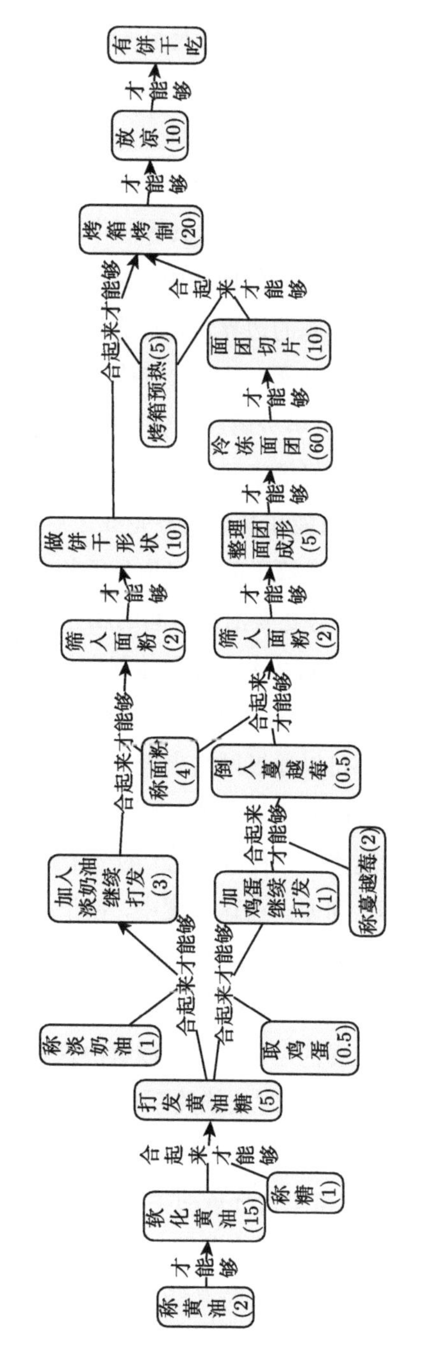


图 2.17　这个任务分解和关系图是对上面两种饼干制作过程的任务的忠实描述。可是，这里有两种关系——“才可能”和“合起来才可能”。不利于下一步分析。

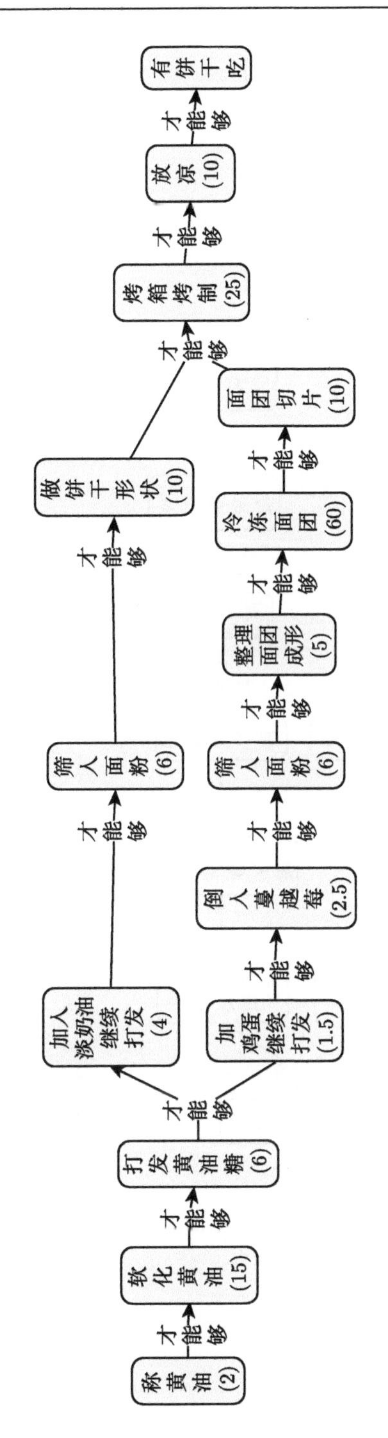


图 2.13 这个任务分解和关系图是对上图的近似和简化，去掉了“合起来才可能”这个关系变成了单一关系图。把依赖的任务都放到后续任务之前来完成。

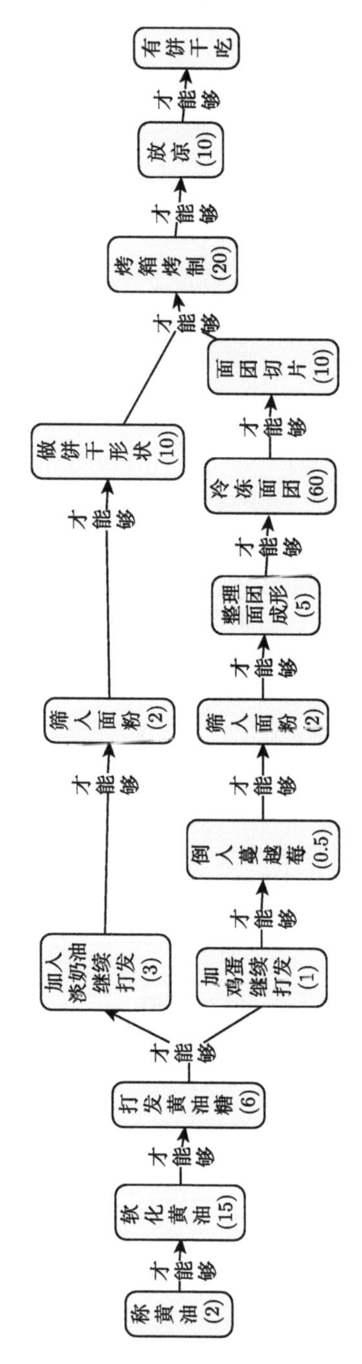


图 2.19　这个任务分解和关系图是对上图的近似和简化，去掉了“合起来才可能”这个关系变成了单一关系图。例如软化黄油的时间把这些称量和预热搞定，于是其他后续任务时间可以更短了。

上，什么时候开始预热是一个需要优化考虑的问题。但是，现在加到后面的烤制的步骤里面，就意味着，每次烤制之前再来预热。这是非常消耗时间的步骤。假如说我们不在乎消耗的能量，那么我们就可以早早地打开，于是，预热的问题，就可以看做系统外的变量，和种小麦、买面粉一样。可是，当我们还关心能量消耗的问题的时候，我们就必须在合适的时间点来预热烤箱。实际上当我们注意到化黄油所需要的时间，我们就会把所有的称量的时间放到化黄油期间来完成，甚至包括预热。可是对于一般的问题，我们是需要把这样的步骤通过优化的算法来发现的，而不是基于我们的直觉和这个任务的简单性。也就是说，上面这个表示还缺乏一种关系，注意力冲突关系：软化黄油、预热烤箱这些事情不和其他任何事情产生注意力冲突。这样的关系，如何体现在上面的网络里面呢？在这里，我们就不再沿着这个方向展开讨论了。我们按照软化黄油期间来做称量和预热烤箱的方案，把任务依赖关系图简化成为图 2.19。

现在，我们再来分析如图 2.19 所示的任务，按照什么顺序来完成最好，什么任务最关键等问题。首先，我们注意到这个从其点“称黄油”到终点“有饼干吃”只有两条路径。其总长度分别为：68 分钟和 131.5 分钟。于是，显然，从时间效率的角度来说，做一般曲奇饼干是更加合适的选择。而且，由于问题本身任务的完成顺序基本上就是确定的，最合适的完成顺序就是图 2.19 中上面那条路径的顺序。实际上，在这里，我们先用网络来表示任务之间的关系，然后用寻找网络特定两点之间的最短距离的方式来分解解决问题。

注意在原图 2.17 中在“烤箱烤制”之前有两个“合起来才可能”两组关系的时候，并不是一个整体的“合起来才可能”。如果是后者，这表示必须两条路径都完成，再能完成后续任务。现在是前者，表示，两台路径之一完成就可以完成后需任务。这样的关系，也是在做项目管理研究中需要注意的关系。那么，有没有一个表示，能够把注意力可替代，可替代性和同时必要性的区别，都很好地描述起来，并且方便后续的分析呢？接着，有了这个表示，分析方法是什么呢？关于这个问题的进一步展开，可见文献 [75] 的项目管理章节。

至于单纯形法等更加偏应用数学的运筹学问题，就不在这里展开了。

### 2.11.2 动态过程优化的例子：存款和消费

前面，我们已经对什么是控制论问提做了一个一般的表述。原则上，现在我们只需要把前面的问题求解出来就行了，而且我们已经知道了大概来说要用到变分法和 Hamiltonian 方程、Lagrangian 方程。但是，提到控制论，就得提一下反馈。反馈通俗来说，就是对某个目标量——例如车辆行驶速度——做一个观测，当这个量大于 (小于) 所要控制达到的理想值的情况下，做一个相应的调整——例如减少 (增加) 燃油进车辆的速率。那么，这个用优化的角度来怎么来看反馈控制呢？实际上，反馈控制的问题表达成为动态系统的优化问题之后，求解出来的形式自然就会成为或者包含反馈控制 [76]。

这里我们举一个简单的动态优化的例子，更多的例子可以看文献 [77]。

**例 2.4**(存款和消费的平衡)　考虑一个拿固定工资 $d$，还知道自己还能够活 $T$ 年 (这里把 $T$ 当做给定的数值。当这个量是个变量的时候，也可以讨论，例如通过完全当做一个外生的和下面要描述的消费问题没有关系的变量，或者通过把生命长短当做和消费有关的但是需要额外机制来解决的内生变量的方式) 的工人在消费 $(u(t))$ 和存款——收入减去消费就是存款——之间如何取得平衡的问题。假设每个年 (这个可以更细，例如月) 存款的利率是固定的 $r$。

用变量 $x(t)$ 来描述 $t$ 年开始的时候的财富数量，每年的钱都可以先花掉年底结算，就像信用卡一样，则其动力学为 $x(t+1)=(1+r)x(t)+d-u(t)$。

这个例子来自于文献 [77]，在原书的例子中，还增加了一项遗产带来的收益，$h(T)x(T)$。

显然这个工人会希望如下函数取极值，$J(x,u)=\sum_{t=1}^{T}v(t)u(t)+h(T)x(T)$。其中 $v(t)$ 是贴现率，也就是说，接近死亡时间的程度的不同花钱带来的收益或者说效用是不一样的，很可能当前时刻花的钱的效用最大。这个 $v(t)$ 也可以是完全外生的变量。例如最简单地来说，可以是 $v(t)=1$ 或者，稍微复杂一点 $v(t)=e^{-\frac{t}{\tau}}$。

于是，合起来我们的数学问题就是，给定$x(0)=x_0,U,T,r,d,h(T),v(t)$的条件下，

$$x(t)\geqslant 0, \tag{2.55a}$$

$$x(t+1)=(1+r)x(t)+d-u(t), \tag{2.55b}$$

$$\max\left\{J(x,u)=\sum_{t=0}^{T-1}v(t)U[u(t)]+h(T)x(T)\right\}, \tag{2.55c}$$

其中 $U[u(t)]$ 是消费 $u(t)$ 带来的当时的效用。例如，可以取

$$U[u(t)] = \tanh[\alpha(u(t) - U_0)], \tag{2.56}$$

表示每单位时间——这里是年——这个工人的最少消费的额度是 $U_0$，并且超出这个最低额度之后，效用迅速增长，直到超出很多之后，慢慢饱和。或者，更简单的 $U[u(t)] = (u(t) - U_0)^2\theta(u(t) - U_0)$。$\theta$ 是阶跃函数。

或者从离散时间变成连续时间的形式，

$$x(t) \geqslant 0, \tag{2.57a}$$

$$\dot{x} = rx + d - u, \tag{2.57b}$$

$$\max\left\{J(x,u) = \int_{t=0}^{T} \mathrm{d}t v(t) U[u(t)] + h(T)x(T)\right\}。 \tag{2.57c}$$

这是一个优化问题，并且优化的过程中还牵涉到一个 $x(t)$ 的动力学过程，并且这个动力学过程受到控制变量 $u(t)$ 的影响。这个时候，就必须靠 Lagrangian 乘子法把优化目标和动力学过程放到一起，然后用一个最小作用量原理来求解。

这个例子的下面的计算部分，至少需要懂得 Lagrangian 乘子法来求约束下的函数极值。如果具有最小作用量原理分析力学的基础就更好了。如果你现在看不懂，那么，只要看看形式上大概怎么做就可以了。以后再回来看这个例子的详细求解。为了这个计算更简单，也更容易和直觉比较，我们还假设 $v(t) = 1$ 并且 $h(T) = 0$，$d = 0$。直觉上，这个已经退休、知道寿命、具有长远打算但是又不想留给下一代一分钱的工人，按照设定的目标，应该会把钱能存的都存着，知道最后的时刻都用掉。我们仅仅介绍求解的思路，具体求解，你可以求解出来看看是不是这样。如果不是，为什么。

由于离散的版本完全可以看做是约束——这里的主要约束就是系统状态变量的动力学方程——下的函数极值问题，下面仅仅考虑离散的版本。自变量包含状态 $x_1, x_2, \cdots, x_T$($x_0$ 是给定的初始条件) 表示每年年初的钱的数量，控制变量 $u_0, u_1, \cdots, u_{T-1}$ 表示在下角标 $t$ 年内花掉的前的数量，以及 Lagrangian 乘子 $\lambda_1, \lambda_2, \cdots, \lambda_T$，目标函数成为

$$\tilde{J}(x,u,\lambda) = \sum_{t=0}^{T-1} v_t U[u_t] + h_T x_T$$

$$+\sum_{t=0}^{T-1}\lambda_{t+1}\left[(1+r)x_t+d-u_t-x_{t+1}\right]。\tag{2.58}$$

对目标函数求所有自变量的偏导数有，

$$0=\frac{\partial}{\partial x_T}\tilde{J}(x,u,\lambda)=h_T-\lambda_T,\tag{2.59a}$$

$$0=\frac{\partial}{\partial x_t}\tilde{J}(x,u,\lambda)=(1+r)\lambda_{t+1}-\lambda_t,\tag{2.59b}$$

$$0=\frac{\partial}{\partial u_t}\tilde{J}(x,u,\lambda)=v_tU'[u_t]-\lambda_{t+1},\tag{2.59c}$$

$$0=\frac{\partial}{\partial \lambda_t}\tilde{J}(x,u,\lambda)=(1+r)x_t+d-u_t-x_{t+1}。\tag{2.59d}$$

实际求解的时候，从公式 (2.59a) 先求出来 $\lambda_T$，然后运用公式 (2.59b) 求出来一般的 $\lambda_t$，接着用公式 (2.59c) 求出来 $u_t$，最后用公式 (2.59d) 结合 $x_0$ 求出来一般的 $x_t$。

这里我们先把每一个自变量 $x_t, u_t, \lambda_t$ 看做独立变量，然后再解决约束下的极值问题。对于连续时间问题，原则上是一样的，我们把 $x(t), u(t), \lambda(t)$ 看做独立变量，来求解如下目标函数的优化问题，

$$\begin{aligned}\tilde{J}(x,u,\lambda)=&\int_0^T \mathrm{d}t\,\{v(t)\,U[u(t)]\\&+\lambda(t)\left[(1+r)x(t)+d-u(t)-\dot{x}(t)\right]\}+h(T)\,x(T)。\end{aligned}\tag{2.60}$$

不过，这里由于需要做积分符号之内的变量的微分，类似于 $\frac{\partial}{\partial\lambda(t)}\tilde{J}(x,u,\lambda)$ (实际上记做 $\frac{\delta}{\delta\lambda(t)}\tilde{J}(x,u,\lambda)$) 我们需要额外的数学工具——叫做变分法。不过，直觉上，通过这两个来自于同一个问题的表达式的对比，也就知道，这个变分法需要能够给出来类似 $\frac{\delta}{\delta\lambda(t)}\int_0^T \mathrm{d}ta\lambda(t)=a$ 这样的性质。可以从这里开始建立起来变分计算的形式化的定义，也可以利用定积分的性质把 $\lambda(t)$ 划分成为很多很多小份，然后就能够回到普通的微分运算。具体的求解就不再给出了。

控制问题是动态过程的优化问题，实际上也就是有约束的极值问题，只不过这时候主要约束是系统的动力学方程。求解的方法，可以说是最小作用量原理或者变分法，而变分法也可以看做是离散情形——在那里只有普通的带约束的通过 Lagrangian 乘子法来求解的函数极值问题——的推广。联系到定态的优化问题实

际上也是有约束的极值问题，只不过那里的约束通常不是系统的动力学过程，我们发现，实际上，这两个数学的分支学科是紧密联系在一起的。再一次强调，通过联系看到统一性，各个层次的统一性，是非常重要的。

这两个优化问题的一般解决步骤都是：先确定系统内和系统外变量，确定描述问题的数学结构，然后写下来这个数学描述下的优化目标，写下来这个描述下的约束，接着求解这个约束下的优化问题，并且做理论解的实际检验，如果有进一步的理论或者实际价值在考虑深入研究和推广。

## ■ 2.12 作业

✍ **习题 2.2** 阅读哈肯的《协同学 —— 大自然构成的奥秘》[78]，做读书笔记。读书笔记包含总结和体会。总结部分建议运用概念地图。体会部分结合阅读材料和自己的经验，要有具体例子，还要有观点，观点和例子还要能够有联系。

✍ **习题 2.3** 课程项目：自学 Ising 模型，编程实现它，然后做一份能够帮助学生学习这些内容的报告，提供代码、磁矩温度曲线、比热曲线，参考 Witthauer 和 Dieterle 的The Phase Transition of the 2D-Ising Model[79]。

✍ **习题 2.4** 课程项目：对于有统计物理学背景的学生，自学 Ising 模型的平均场理论计算，完成关联函数、磁矩一温度曲线的计算。

✍ **习题 2.5** 课程项目：自学沙堆模型，编程实现它，然后做一份能够帮助学生学习这些内容的报告。

✍ **习题 2.6** 课程项目：学习谱分析和自相关函数，收集整理电子乐谱，对电子乐谱的音程差做频谱分析 (谱，功率谱)，检查是否具有 $\frac{1}{f}$ 噪声。

✍ **习题 2.7** 课程项目：用自己看到或者想到的例子，来说明什么是系统科学。这个作业在每一章结束以后，都重新做一下，并且保留各个版本。推荐整理一个“什么是系统科学”的概念地图。

✍ **习题 2.8** 课后阅读：

- Bak 的*How Nature Works*[80](《大自然如何工作》)
- GleickJames Gleick 的*Chaos: Making a New Science*[81](《混沌开创新科学》)
- 于渌，郝柏林和陈晓松的《相变与临界现象》[82]

- **郝柏林的《从抛物线谈起》**[54]

## ■ 2.13　本章小结

这一章的主题还是系统科学是什么。不过相比更宏观的第一章 —— 其中我们关心什么是科学、科学和数学、科学和现实的关系、系统科学的跨学科性质、系统的划分，在这一章里面我们更加关心这些能够体现系统科学的学科大图景—— 也就是系统科学的典型对象、问题、思维方式、分析方法和世界以及其他学科的关系 —— 的理念和例子。例如结构从没有结构中如何产生这个系统科学的典型问题、例如整体运动和涌现、相变和临界性这些现象、例如相互作用以及相互作用的各种处理方法等分析方法、尤其是这些处理方法中从孤立到有联系从直接联系到间接联系的思想、例如大量适用于不同领域的问题的具有共性的分析方法。同时，我们对非线性动力学、运筹学、控制论这些传统系统科学的科学和新内容也做了简短的介绍，并且讨论了这些学科和系统科学的关系。

科学就是有体系的能够体现这个学科大图景的例子。学习的时候千万不要忽视例子。例如统计物理学只需要学习 Brown 运动和 Ising 模型两个例子①。对于系统科学，上面的这些例子就是我通过实际教学尝试之后，加上自己的研究工作经验(所以肯定有偏好)，做出来的选择。你可以不认同其中的任何的例子，但是，把例子和学科大图景结合好，是一门学科的导论教材必须做好的事情。

因此，在这里，请读者完成那个作业习题 2.7，用自己看到或者想到的例子，来说明什么是系统科学，而且要不断地多次地取完成它。当然，我希望经过这一章的学习，你对封面上的四句话 (再次写在这里) 有了更加深入的理解，甚至将来有你自己的补充。

> **联系 $^1$，联系 $^2$，联系 $^3$**
> **从具体系统中来，到具体系统中去**
> **从孤立到有联系，从直接到间接，从个体到整体**
> More is Different, More is The Same
> **(一片两片三四片，构成系统出涌现；五片六片七八片，飞入系统都不见)**

①这句话我是从当年郝柏林的统计物理课堂上学到的，一直觉得受益匪浅。

3

第三章

# 概念地图与系统图示法

3.1 如何描述一个系统：图示举例

3.2 一般系统图示法：概念地图

3.3 反馈图和可计算反馈图

3.4 本体论图

3.5 概念地图、理解型学习和理解系统

3.6 作业

3.7 本章小结

前面我们已经通过一些例子展示了大概什么是系统科学，注意到一个系统通常包含多个有相互作用的子系统或者说单元，并且当我们考察一个系统的行为的时候需要从底层结构和模块化功能，也就是还原论和整体论，合起来的角度来思考系统可能涌现出来的整体行为。在这一章，我们来介绍一个从考虑系统内各个元素之间的相互联系的角度来加深我们对系统的认识的比较粗糙的分析方法——系统图示法。

## ■ 3.1 如何描述一个系统：图示举例

比较粗糙和宽泛地来说，任何包含一个系统的子系统以及子系统之间的相互作用的图示方法都是系统图示法。因此，一个计算机程序的流程图也可以看做是系统——在这里系统是整个的这个计算机程序——图示法：在这里子系统是这整个程序分解出来的每一个步骤的子程序，子程序相互之间的关系就是通过“顺序执行(上下行连续执行，还包含跳点，例如 goto)”、“条件判断 (if-else-then，还包含分支，例如 switch-case)”和“循环 (for, while, do)”构成的子程序之间的前后调用关系。当然，在这里，关系仅仅是有限的几种。一个更具有一般性的更贴近人对事物的认识的系统图示法是面向对象程序设计的对象图。一个对象内部有元素 (这些元素本身也可以是对象)，有方法——方法一般表现为对对象的操作。有一些方法可以被其他对象调用，这就是这个对象提供的对外接口。元素、方法 (包含纯内部方法和接口) 就是一个对象最基本的子系统。从这个角度来看一个对象包含一个其方法的集合和元素的集合，以及两个集合之间的相互作用。

例如，一个自行车，从行驶这个最核心的功能的角度粗略地看，接口方面，也就需要接受外面的能量输入和行驶信号输入，输出则是行驶的速度、方向以及跟其他车辆或者设施交互的信息。这些将来可以用来和其他汽车以及其他的设施等构成更大的系统。从内部来看，元素上需要脚蹬子、链条、轮子、把手、刹车、喇叭、行驶方向、行驶速度。其他次要结构暂时忽略。从方法上，需要实现用脚蹬子接受外界能量输入，用链条来把能量输入传到轮子决定行驶速度，用把手实现行驶方向的控制，用刹车子系统实现行驶速度的额外控制。图 3.1(a) 就是这个自行车的对象图。其中有外界，外界需要通过接口，也就是自行车这个对象留给外界使用的方法，来影响自行车这个对象，同时自行车也通过接口来影响外界。其中还有封装

自行车内部元素和元素之间的关系,以及和外部之间的接口,对象图

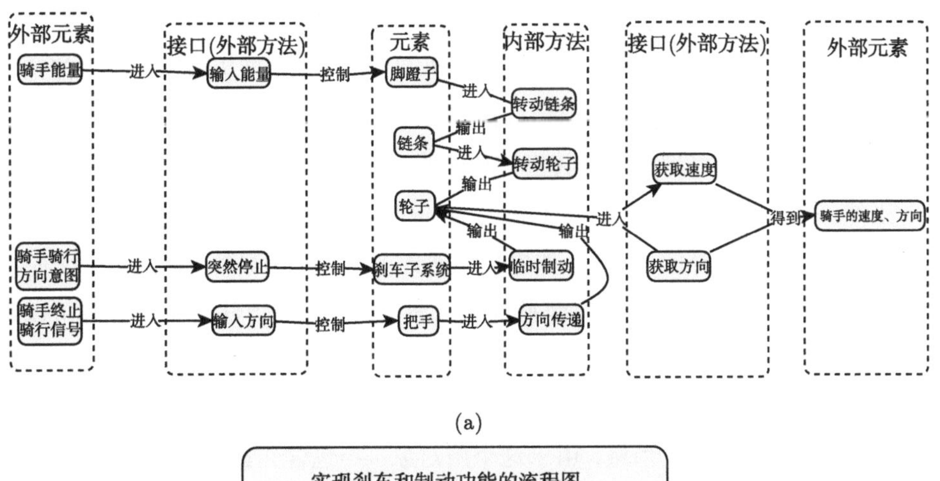


(a)

实现刹车和制动功能的流程图

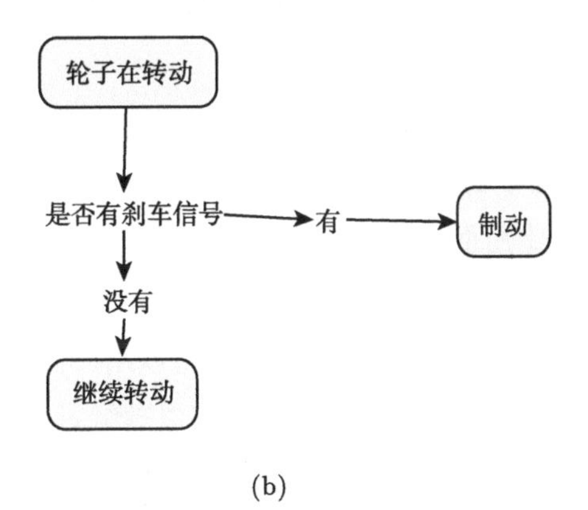


(b)

图 3.1 (a) 面向对象程序设计的对象图。在对象图里面方法一般表现为对元素的输入输出，也就是接受某些元素作为输入对某些元素产生一个操作性 (例如改变其数值) 的输出。因此，元素和方法之间的关系主要就是输入和输出 (控制也是输出)。(b) 其中一小部分功能的流程图。流程图里面流程控制的方式主要就是顺序执行、条件判断和循环。

起来的元素和内部方法。我们先来仔细看这些内部元素。首先,“轮子”有比较多的边，以后我们会知道这个角度“轮子”这个顶点的“度”比较大。更重要的是，这些边中有两条出去的直接连着外界接口:“轮子”——“进入”——“获取速度”,“轮

子”——“进入”——“获取方向”。也就是说，外界需要通过方法直接接触轮子，或者轮子通过方法直接影响外界。再来看其中的三条入边。这三条边是三个外界影响自行车的接口，而“轮子”是这三条边的终点。也就是说，轮子是外界影响自行车的最终承担者。于是，很自然地，我们得到一个结论，如果从自行车的内部元素来说的话，最重要的是轮子。其他什么部分没准都可以去掉，但是轮子是首先需要保留的，也是需要很好地来保障其正常功能的。

当然，你会说，这些，就算我不画这个自行车的对象图，我也知道啊。对于自行车这个事情，是这样的。但是，如果我们遇到更加复杂的事情，通过画图来先搞清楚这个系统有哪些内部元素有哪些操作元素的方法，在方法中有哪一些可以跟外界相连也就是成为接口，然后，再通过分析这构建出来的对象图来识别关键元素和关键方法，更进一步对这些关键元素和方法做一些保障，可以很好地指导我们对复杂事物的认识和研究。当然，由于这个用对象——包含元素、方法 (包含纯内部方法和接口) 和元素方法之间的关系——来对事物做抽象的方法来自于面向对象编程，所以很多时候方法很像一个函数，也就是说这个对象和方法之间的关系就是输入输出。

在图 3.1(b) 中，我们把对象图里面关于刹车功能的实现这一小部分的核心程序画了一个流程图。刹车功能的核心就是一个“条件判断”加上后期的“制动系统”。其他的方法实际上后面也是需要通过面向过程的编程，也就是流程图，来实现的。这里我们就不再——画出来了。在这里另外一个技术上比较神奇的问题是：为什么那么多种对象的那么多不同的方法，都可以用“顺序执行”、“条件判断”和“循环”这几种如此简单的流程控制来实现？可以理解对象这样的一个东西具有一定的一般性，也就是说大量的事物可以用对象来抽象来描述，但是，为什么千奇百怪的方法背后都可以归结成这么少数几种流程控制呢？更进一步，实际上计算机本身就会做“与、或、非”三个逻辑运算，为什么这么多的现象能够由这三样东西来实现呢？请我们的读者联系 整体论 和 还原论，联系“涌现性”，联系什么是系统科学，来思考一下这个问题。

对象图和流程图对于加深对事物的认识已经是非常有用的了。但是，注意到对象图在元素之间和方法之间是没有联系的。这个观察启发我们是否可以把方法看做是元素之间的联系，把元素看做是方法之间的连接。如果可以有可能可以把这个图化成更加紧凑更加贴近人的思考的形式。这种把系统内部的元素当做顶点，把元素之间的关系当做顶点之间的连边的图，是另一种普遍使用的系统图示法。有的时候我们把系统的元素叫做概念，这个时候就称这样的图为概念地图。自行车的概念地图见图 3.2。在这个图里面，前面提到的“轮子”的特别重要的地位就表现得更加明显。而且，“链条”的“特别不重要的地位”也表现得非常明显：至少对于外界来说，我们根本不关心这个东西的存在，这个东西是什么做的，如何发挥作用的。顺便，这其实就是系统科学的分析和综合。你仔细想想，确实这样，这样的完全内部的东西，只要封装好了，又没有坏，没有人会去注意和关心，甚至去掉都行，例如独轮自行车。当然，没有链条没有大小不等的棘轮的传动，是不是很费力，那是另外一回事。我们这里没有考虑通过棘轮大小来控制速度的问题。在图 3.2 的最下方，我们还把自行车当做了一个整体画了一个自行车和外界的关系的非常简单的概念地图。别小看这个这么简单的概念地图，实际上，我们发现，在这里自行车的作用就是把“骑手的能量和骑行意图”转化成“骑手的速度和方向”。第一，这个确实就是自行车的作用啊。第二，既然如此，走路也可以完成这个作用，那么，为什么要自行车呢？所以，从这个角度来说，我们还需要注意到自行车的转化具有什么更好的特征才行，例如效率更高、速度可以更快？因此，画出来这样的系统图示对于加深对系统的认识，对于分析和解决问题是很有意义的。

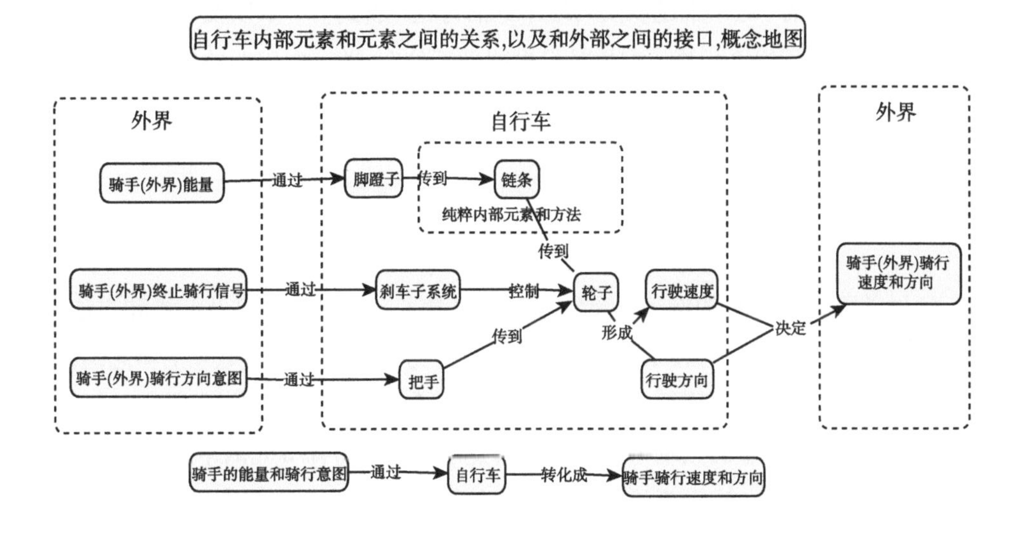


图 3.2 从对象图到概念地图。在概念地图里面，一般来说对象图的元素还是元素，对象图的方法成了关系连词。因此，代表这些方法的连词就比较丰富。

在本章剩下的小节中，我们还会更加详细地介绍概念地图，以及其他几种系统图示法，包含反馈关系图、本体论关系图以及网络。它们都可以看做把概念地图限定在特定种类的关系下面得到的系统图。其中反馈关系图一般用于能够用程度或者强度等某种数值来描述概念的情况，在这种情况下，关系就成了促进这个数值增加或者使得这个数值减少这样两种。本体论关系图主要考虑概念之间的有限的几种关系，例如包含关系 (is-a)、整体 (is-a-part-of) 部分关系、逻辑因果关系 (lead-to) 等等。网络则是去掉概念地图中的关系连词仅仅保留连边还有概念地图中的概念得到的图。但是，联系到概念地图和对象图之间的关系——两者一致只不过对象图中的方法成了概念图中的连接词，我们可以发现，实际上，概念地图也可以看做是一个网络，只不过这样的网络有两种类型的顶点——对象的元素和方法，而不仅仅是元素。实际上，将来我们会看到，这样的网络叫做二分网，或者二部分图，或者双顶点网络，或者双层网络。为了区分，我们把仅仅保留概念 (元素) 和概念之间的连边的存在与否的网络叫做单顶点网络。如果我们用“网络”来泛指单顶点网络、双顶点网络，甚至将来更多种类的顶点的网络，那么，在这个意义上，我们说概念地图也是一种网络。于是，本章的标题，或者说主题，就成了“网络，描述系统的骨架”。当然，在这一章，我们还是主要介绍概念地图，然后稍微提一提其他图示法，而把“网络——系统的骨架”这个主题以及网络本身的讨论，放到下一章以及十四章。

我们先来介绍概念地图，有的时候也叫做系统图 [20]，它用图的形式描述了系统的内部元素和元素之间的丰富的一般的相互关系。

## ■ 3.2　一般系统图示法：概念地图

通过前面的自行车的例子，我们看到了包含了元素和方法以及元素和方法之间的比较单一的输入输出关系的对象图、元素作为概念方法作为联系的概念地图，以及完成特定任务的流程图。我们说对象图和概念地图对系统的抽象具有一般性。也就是说，看起来大量的系统可以通过搞清楚系统里面有什么元素 (子系统)，这些元素之间的关系如何，这个系统和系统外部的更大的系统之间的联系是什么，这样的方式来描述①。

①当然，更一般地来说，是不是能够通过任务分解和任务组合的方式来把描述所有的系统，是另外一个问题。完全有可能流程图也是具有一般性的。

由于概念地图在元素之间关系上的一般性，其对系统的描述能力非常强大，把系统抽象的难度要比对象小一些，尽管实际上没有小很多，因此，在这里，我们主要介绍概念地图。如果你是特殊的对对象图非常熟悉的读者，例如你是面向对象程序设计的程序员，那么，你只要记住把方法转化成元素之间的标有连词的连边就行。从这个意义上说，对象图和概念地图是一样的。在*Systemic Thinking: Building Maps for Worlds of Systems*[20] 里面，作者 Boardman 把概念地图叫做“Systemigram”。我把它翻译成“系统图”，也可以更复杂地叫做“对象在系统性视角下的图示”。其图示的主要结构，除了体现系统对相互关系的关注以及系统帮助我们看到树木又见森林这些思想之外，就是概念和概念之间通过连词明确标注出来的关系。我把这一类的，通过概念 (元素) 和概念之间明确标注出来的关系来描述系统的图，都叫做概念地图。有的时候为了强调制作这个图后面的系统性思考——也就是对相互作用的关注以及同时对细节和整体大图景，我也把这样的图叫做系统图。实际上在制作的过程中，通过关注相互联系——一定要明确地通过连词和连边标出来——我们主要关注的是系统的整体大图景，也就是系统整体的功能、系统作为整体和外界的联系，但是不能是没有细节的大图景，我们还要关心系统的整体性是如何通过系统的元素和元素之间的联系来实现的。

通过上面对概念地图的基本形式——概念和明确用连词标记出来的概念之间的联系——和概念地图的主要目的——看到整体大图景 (整体功能、如何和外界联系) 的同时看到大图景是如何由元素和元素之间的关系来实现——的了解，实际上，你们就可以直接去尝试制作概念地图了。不过，在这里，我稍微分享一下自己的经验，这样你可以稍微少走一点弯路，稍微快一点掌握这个系统图示法。不过，我强烈推荐你慢慢来，多走走弯路，等到豁然开朗的时候能够得到更好的体会。

首先，我们需要确定一个描述对象。这个很自然，但是，很不简单。确定一个对象不是说写下来一个名词就可以，还需要确定这个现象的边界：哪些东西当做系统的内部，哪些东西当做系统的外界。我们在把量纲分析用于推导单摆的公式和证明勾股定理的时候，已经体会到了确定一个系统的边界一个系统的内部的主要元素，以及这些主要元素的单位，的重要性了。因此，这个第一步听起来简单，做起来可不容易。

其次，我们需要明确主要关注这个系统的什么，也就是有一个“焦点问题”。例如，下面两张图分别是概念地图的提出者 Novak 和我自己制作的用来说明“什么是概念地图”的 概念地图。Novak 的对象更多的是面向搞教育的或者是学习者①。我当时做这个图的对象主要是了解一点系统科学和网络科学的学生。

接着，在这个焦点问题的指引下，列出来这个对象的主要的概念，或者说用系统科学的语言，这个系统的主要元素。元素之间的关系也要考虑进来，但是可以先不画出来。

再次，补上概念之间的关系。这个时候对焦点问题心里面应该有一个差不多的答案了。标出来关系的时候，要联系这个答案，体现出来这个答案。也有可能到这一步你会意识到前面的步骤，也就是列出来的主要概念，需要调整。那就去调整。有的时候，你会发现，甚至焦点问题都需要调整。当然，我们希望这个调整大多数是时候是细化明确化。这是好的。但是，也有的时候，会出现对焦点问题含义上的修改。

到这里，剩下的问题，就是调整一下布局了。布局要体现层次性，也就是关系上比较紧密的在一个层次的，要大概显示在一个层次。逻辑上的上位概念要显示在上方 (有的人把上位概念放在左方，从左往右读一张概念地图)。除了层次性，还要突出长程连接，也就是联系着比较遥远的两个或者两团概念的连边。很多时候，长程连接往往是一个概念地图在灵魂所在，作者最想表达的东西，做体现作者的创造性和深刻认识的地方。

最后，将这个图放一阵，然后再看几遍，或者去找合适的人聊聊这张图，再来修改。

再来看一下图 3.3 中的两张概念地图。我们发现首先，两张图都具有层次性结构，也就是图的某些部分可以想一个抽屉一样关起来：打开的时候可以看到这个层次以下的内容，关上呢就可以暂时把这个层次下面的细节忘了。其次，两个图都有一些这些抽屉之间的长程连接，例如图 3.3(a) 中的“creativity”—“is needed to see”—“interrelationships”，图 3.3(b) 中的“跨层次的”—“超越和补充”—“层次性主体结构”。并且，在两个图中，“概念之间的关系 (Linking words)”都特意地被放在了中间的某个沟通图左右两边的地方。如果我的记忆还准确的话，我在制作我这个“什么是概念地图”的概念地图之前，并没有直接看到 Novak 的这张图。因此，这个相似性表示了两位作者在对内容的理解上，也就是内容的逻辑关系本身上，的

①原图在这里可以找到http://cmapskm.ihmc.us/rid=1L2W8S4VP-1T8MH1F-273G/Concept%20Map%20About%20Concept%20Maps.cmap。2018 年 2 月 1 日访问。

内在的相似性。但是，两个图还是有不一样的地方。吴金闪的图里面假设了“知识的网络”可以当做读者的基础概念，从那里开始解释概念地图。Novak 的图则更多地关注了认知结构。这个和两张图所假设的读者对象有关。

我建议你来做几张概念地图，然后再回来看着一小节，并且多次反复。例如，第一个概念地图就可以是你自己认为的“什么是概念地图”，或者“制作概念地图的步骤”。你也可以去看看吴金闪写的另外一本关于概念地图和理解型学习的书 [15]。后面还会让大家用概念地图的形式来做书的总结整理，来做读书报告。我建议你为本书的每一章都做一个概念地图。如果你做了，并且想跟我自己做的做个对比。你可以在我们的概念地图服务器 (cmap.systemsci.org①) 上找到。

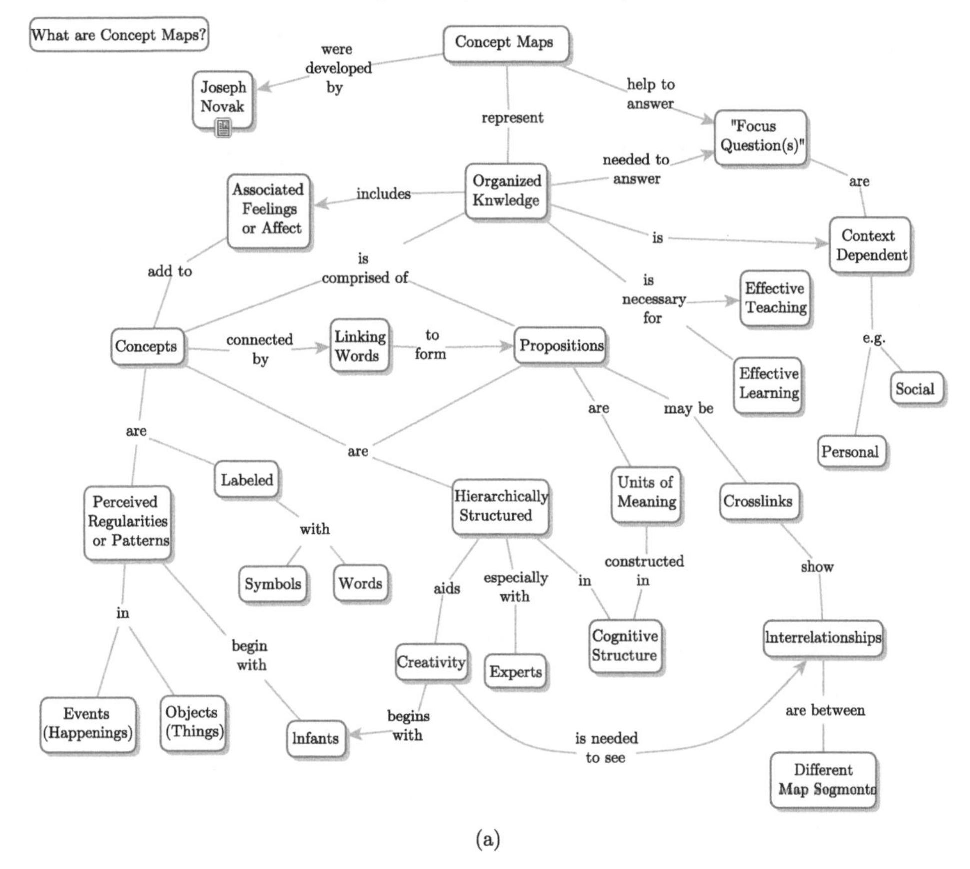


(a)

①登录cmap.systemsci.org网站以后，你找到一个叫做“Jinshan Wu”的目录，里面有一个叫做“Invitation2SS”的子目录，里面有很多本书的概念地图。2018 年 2 月 1 日访问。

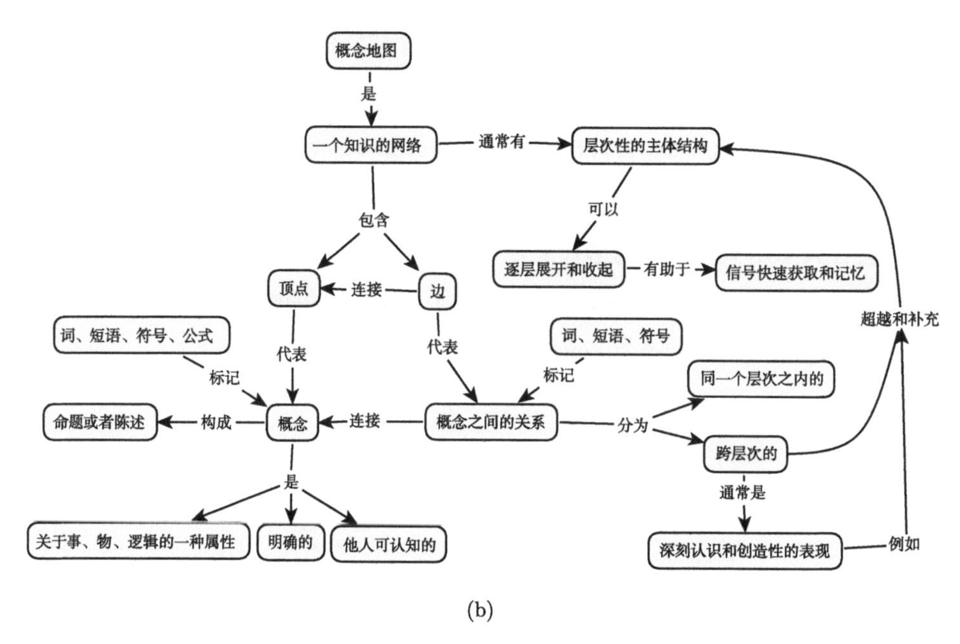


(b)

图 3.3 这是焦点问题都是“什么是概念地图”的两张概念地图。(a) Novak 所做的面向教育者和学习者的概念地图。感谢 Novak 的授权。(b) 吴金闪所做的面向系统科学和网络科学的学生的概念地图。

下一节，我们来看几个概念地图的限定关系以后得到的特例。

## ■ 3.3 反馈图和可计算反馈图

这一节我们来进一步介绍一下反馈图和可计算反馈图。在这里主要关注系统元素之间的“增加”(或者“促进”) 和“减少”(或者“抑制”) 关系，概念之间的其他关系就不再画在图上。这样的把一般系统图，或者说概念地图，限定在仅考虑“增加”和“减少”关系的图就叫做反馈图。当能有用一个数值来表示这样的反馈图上的概念的时候，这样的图往往就代表了一组动力学方程，离散的差分方程或者连续的微分方程。这个时候，这个图就是可计算的了，称为可计算反馈图。有的时候，我们不能够定量描述图上的概念，那我们说这个图主要反映因果联系。因此，也称为因果关系图。

我们前面举了自行车的对象图和概念地图的例子。现在，我们还是用自行车来讨论一个自行车速度控制的反馈图。我们已经知道自行车主要有两个表现变量，骑行速度和骑行方向。在这里，我们忽略方向，相当于假定就在一条直线上骑行。

对于在一条直线上骑行这样一个现象，我们接着忽略刹车的问题。这样就成了人概在一条直线上自己一个人骑自行车了。这个时候，我们说，什么因素决定了我们的骑行速度呢？假定骑行者也吃饱饭了，没有其他什么约束。这个时候，起到决定性作用的是骑手的主观期望达到的速度。没准出于舒适和安全等等原因的考虑，我们提出以下假设：骑手有一个期望速度 $V_{\mathrm{exp}}$，希望真实骑行速度在这个期望速度附近。那么，骑手如何来控制真实骑行速度实现在这个期望速度附近变动呢？很简单，跑得太快的时候可以减少点蹬车的力气和速度，太慢的时候增加一点。我们把这个蹬车的力气和速度简化成骑行者对自行车的输入功率 $P$。

这个时候，主要概念和主要概念之间的关系就有了。我们需要关注：期望速度，输入功率，实际速度。如果有必要也可以把骑行者当做概念之一。它们之间的关系主要有：输入功率的大小改变实际速度，实际速度和期望速度的差决定输入功率。这也就是图 3.4(a) 中的概念地图所描述的概念和概念之间的关系。我们已经注意到这里有一个环状关系：“输入功率”到“当前速度”，“当前速度”到“输入功率”。如果你仔细问，这个调节都是怎么实现的啊？那么，我们还必须加入骑行者，他/她自己感受的速度，定下来的期望速度，自己计算的差值，然后决定的输入功率。我们还可以继续问，他/她是如何做以上这些观察、计算、决策的啊？这个时候，我们还需要把讨论深入到感觉、计算甚至神经结果和过程中去。但是，你看，我们在这个图里面，就停留在了目前这个层次。主要是，为了展示反馈关系，我们认为到这个层次就够了。

不过，通过概念地图我们注意到产生了反馈环，还是不太明确这个反馈环哪些是正反馈哪些是负反馈。当然，我们可以把“调节”这个关系连词变得更加具体，也就是描述“如何调节”。这个时候，你就会注意到这个“调节”是一个负反馈，而上面的“改变 (增加)”是一个正反馈。于是，当我们特别强调正负反馈的时候，我们稍微改变一下这个概念地图的连词，仅仅使用“增加”和“减少”，我们就有了图 3.4(b) 中的反馈图。其中，“骑行者输入功率”的增加会增加“自行车速度”，因此是正反馈，用“增加”连词来标记；“自行车速度”的增加会减少“期望速度减去当前速度的值”，因此是负反馈，用“减少”来标记；“期望速度”的增加会增加“期望速度减去当前速度的值”，用“增加”来标记；“期望速度减去当前速度的值”一旦变大但还是大于零的时候，说明当前速度离期望速度比较大，因此，会导致“骑行者输入功率”增加。把这些关系都标注出来，我们得到图 3.4(b)。这张图有自身的优势。例如，我们可以把这个环拿来自己看看，发现有两个增加关系一个减少关系，于是合起来，还是减少的关系，也就是整体是一个负反馈。这个整体结论很重要：负反馈对于维持稳定值是很重要的。如果一个系统整体来说是个正反馈，则往往其增长或者减少不可限制，没有稳定值。

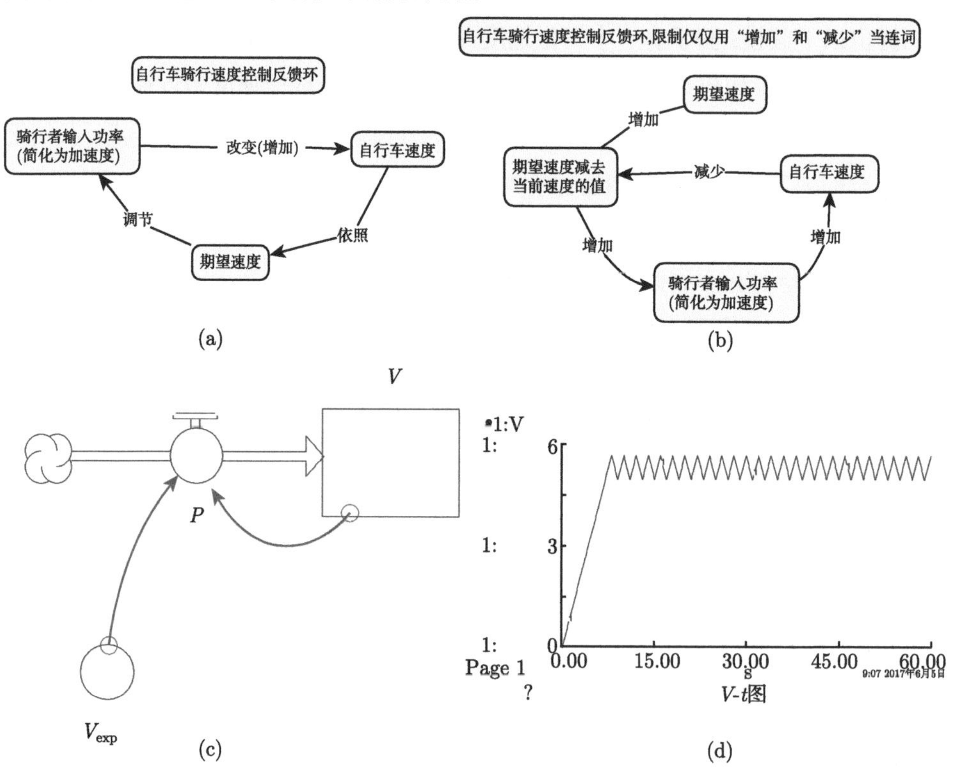


图 3.4　(a) 描述速度输入功率和最大速度之间反馈关系的概念地图。其中“依照”和“调节”两个关系词的内涵比反馈图中的“增加”和“减少”要丰富和模糊。(b) 描述速度输入功率和最大速度之间反馈关系的示意图。这个图实际上用了概念地图软件来制作，但是由于关系限制为仅仅使用“增加”(或者“促进”) 和“减少”(或者“抑制”)，实际上是一幅反馈图。(c) 可计算的反馈图，由 iThink 软件制作。这里我们非常清楚地看到了从 $V$ 到 $P$ 的反馈，以及反馈的参考点 $V_{\max}$ 是外界给定的，外生的变量。(d) iThink 软件输出的速度 - 时间曲线。其中参数值的设定是 $V_{\max}=5m/s$，$P_0=\sqrt{2}/2$。

有了这个反馈图，我们对于系统整体趋势以及什么样的系统内部元素和元素之间的关系导致了这个整体趋势就有了一定的理解。现在，我们更进一步，把反馈图上的概念定量化，看看定量化能够给我们带来什么。这里我们主要的量有期望速度 $V_{\rm exp}$，输入功率 $P$，实际速度 $V$。它们之间的关系可以写成，

$$V(t+1) = V(t) + P, \tag{3.1}$$

$$P = P_0 sign(V_{\rm exp} - V)。 \tag{3.2}$$

其中 $sign(x)$ 是一个符号函数，当 $x > 0$ 的时候它等于 1，$x < 0$ 的时候它等于 $-1$，$x = 0$ 的时候它等于 0。我们发现这个方程里面有两个外界参数“$V_{\rm exp}$”和“$P_0$”，有两个变量 $V$ 和 $P$。按照对方程的这个理解，我们用 iThink①画出来一个存量 - 流量反馈图。其中 $P$ 是 $V$ 这个量在单位时间里面的改变量，因此称 $V$ 为存量，$P$ 为流量。我们还要注意到，两者的关系不仅仅如此，$V$ 还会反过来再作用到 $P$ 上，通过和 $V_{\rm exp}$ 一起。这也就是途中两条带箭头的红色曲线所表示的含义。其中 $P$ 到 $V$ 的流量 - 存量关系是“增加”关系，$V$ 到 $P$ 的红线上的关系是“减少”关系，合起来构成了负反馈。图 3.4(c) 中的那朵云表示外界，也就是说这个流量的来源是系统的外部。看这个图你会发现，实际上，图 3.4(c) 和图 3.4(a) 在概念选择和关系选择上更加接近。那么，它们和图 3.4(b) 的区别主要在什么地方呢？图 3.4(b) 中期望速度减去当前速度的值 $(V_{\rm exp} - V)$ 被拿出来当做了一个概念。它和 $P$ 之间是增加关系，和 $V_{\rm exp}$ 之间是增加关系，和 $V$ 之间是减少关系。因此，实际上，这个可计算反馈图 (c) 和反馈图 (b) 是完全一致的。实际上，你也可以在图 3.4(c) 上增加一个量 $(V_{\rm exp} - V)$，甚至增加两个量，一个代表参数 $P_0$，一个代表 $(V_{\rm exp} - V)$。

有了可计算反馈图图 3.4(c) 之后，设定参数值，设定各个变量的初始条件，就可以来做计算了。iThink 在软件内部构建了以后动力系统模拟器，可以用合适的计算方法，例如 Euler 方法来对这个图做计算。实际上就是对这图背后的差分或者微分方程做计算。在图 3.4(d) 中我们设定 $V_{\rm exp} = 5{\rm m/s} = 18{\rm km/h}$，$P_0 = \sqrt{2}/2{\rm m/s}$。其中，把 $P_0$ 设成一个无理数的原因是，对于有理数或者更简单的整数，如果刚好某个时刻遇到 $V_{\rm exp} = V$，那就会一直处在这个 $V_{\rm exp}$，而不会展现出来图 3.4(d) 中的波动了。

①一个系统动力学软件，可以访问如下网站获取进一步信息：https://www.iseesystems.com/，2018 年 2 月 1 日访问。

我希望通过这个例子，你已经了解什么是反馈，什么是反馈图，什么是可计算反馈图，并且明白反馈图和一般系统图，也就是概念地图之间的关系。

## ■ 3.4　本体论图

我们再来看另一种概念地图的限定关系的种类以后的特例。在这里主要关注上下级关系。

在概念地图里面，我们把一个系统里面所有的元素看做概念，把元素之间的相互作用看做概念之间的联系，同时用明确的连词标注出来。我们希望获得或者说建立起来一个包含所有的系统的概念地图，或者至少所有的人类知识的概念地图。这个尽管很有必要，但是，目标稍微大了一点。Miller 和他的合作者们 [83,84] 找到了一个稍微更明确一点的目标：把英语中的所有名词当做概念，看看能否构造一个概念网络。他们称这个网络为“WordNet”(词网)。在这个 WordNet 里面，有一些联系可能比较基础比较普遍。例如，两个改变表述的意义有重叠的部分，也就是近义词。还有反义词，“is-a”(“之一”，“是一个”、“是一种”) 关系，“is-a-part-of”(整体–部分) 关系。因此，WordNet 首先就把英语的名词按照含义区分开来，例如 Bike 会有多个含义，标注为“Bike#1”(摩托车) 和“Bike#2”(自行车)。然后，Bike(自行车) 和 Wheel(车轮) 应该有“整体–部分”关系，Bike(自行车) 还是 Vehicle(车辆) 的一种。后来，就有更多的研究者把形容词和动词也放到 WordNet 里面来，并且做了多语言版的 WordNet。可以访问 WordNet 网站①来了解更多的关于 WordNet 的信息。

下面是来自于文献 [85] 的 Miller 自己画的 WordNet 名词之间关系的示意图，搞清楚人类对事物和事物之间的关系的认知，本身已经是非常有意思的非常值得研究的问题。因此，WordNet 的价值不需要在其他研究中如何使用来体现。但是，可以想见，在机器翻译、自然语言的算法理解等方面，WordNet 具有非常大的作用。所谓翻译，实际上就可以看做在一个多语言版本的统一的 WordNet 上做对应。也就是说，把任何语言的一句话先对应到统一的 WordNet 上面去，相当于明确了说的什么意思，然后，再按照这个意思转化成另一种的语言，就行了。当然，考虑到

①英语的，https://wordnet.princeton.edu/，多语言的，http://compling.hss.ntu.edu.sg/omw/。2018 年 2 月 1 日访问。

不同语言的语法习惯，明白实际意思之后还有很多要做的事情。但是，毕竟，大概看起来，是可以通过算法来做了。有了这个一般语言当中的词汇的相互关系之后，一个自然的想法就是专业学科领域的词汇的关系图。有了这个学科概念关系图，自然可以帮助老师更好地决定选择哪些概念来教，选择怎么教，用大概什么样的逻辑顺序来教，以及学生学什么怎么学，以及科研论文的机器理解自动摘要等等。另一部分研究者对这个专业概念关系图感兴趣是想做更好的问答系统。你问一个问题，首先算法先想办法搞清楚你问的问题是什么意思，和哪些其他概念有联系，然后，想办法提供给你一个和你的原始问题最具有相关性的答案。对于问答系统，定位问题和给答案，这两步都是非常重要的。实际上，目前的搜索引擎找到你想要的东西的方法是，先做词汇的匹配，然后推荐给你匹配到的网页里面，某种算法认为价值最高的和你的问题最相关的那些网页。如果你的问题没有问明确，那么，搜索引擎就不太能够帮到你。例如，当你输入“Feynman(费曼)”的时候，一个还过得去的搜索引擎会在大多数时候默认你的搜索物理学家 Feynman。如果你想更加明确，可以加上“Richard(理查德)”。假如你不知道“Richard”，你可以试试同时搜索“Feynman”和“Physics”，这个时候，一个过得去的搜索引擎应该基本上给你定位到物理学家 Feynman，以及“Feynman's Lecture on Physics(费曼物理学讲义)”[86]。这个时候，搜索引擎实际上就有可能运用了概念之间的联系，通过“Physics”来更好地定位“Feynman”，也就是说那个跟“Physics”联系在一起的“Feynman”，应该差不多就是物理学家 Richard Feynman。当然，也有可能搜索引擎没有利用联系，仅仅是做了两个词的合并匹配搜索。那如果是我家六岁的逸儿来搜索“费曼”就可能不是这个意思了。可以想到，她可能对那个叫做“费曼”的小明星更感兴趣。于是，如果搜索引擎知道逸儿的使用习惯，推测出来逸儿的兴趣点和年龄，就可以用这个信息更好地匹配到小明星“费曼”。或者把“费曼”和“明星”放在一起搜索。实际上，当我在我的电脑上用 Google(Google 肯定已经知道我的很多使用习惯，经常访问的网站，兴趣点之类的) 检索“Feynman”的时候，当然搜索结果已经主要就是我想找的物理学家 Feynman，在搜索结果的右侧，出现了一个推荐名单和相关其他人和事物的名单。据 Google 宣称，这个右侧的推荐名单和相关名单，就是通过考虑事物之间联系得来的。Google 称之为“知识图谱(Knowledge Graph)”。

于是，自然地，下一步的问题就是能不能把 WordNet 这样的日常语言中的词汇的关系网络，做到专业领域里面去。这个就是通常被称为 Ontology(本体网络、本体论) 的东西。本质上，一个本体论图，就是一个领域 (或者称为一个系统) 的主要概念和概念之间的关系的图形展示。当然，有的时候不直接是图形展示，而是定义了概念之间关系的等价的语句。例如，“自行车”“是一种”“车辆”，“自行车”“包含”“轮子”。最简单的本体论图可以仅仅包含这样的上下级关系。在更复杂的图里面，还可以允许，例如“凤凰牌自行车”“是一种”“自行车”，“凤凰牌自行车”“生产于上海凤凰自行车厂”，“上海凤凰自行车厂”“位于”“上海”，“上海”“是…… 的一个省级单位”“中国”。于是，从前面这些信息，可以推理得到，“凤凰自行车实在中国生产的”。推理经常是本体论图的目标之一。

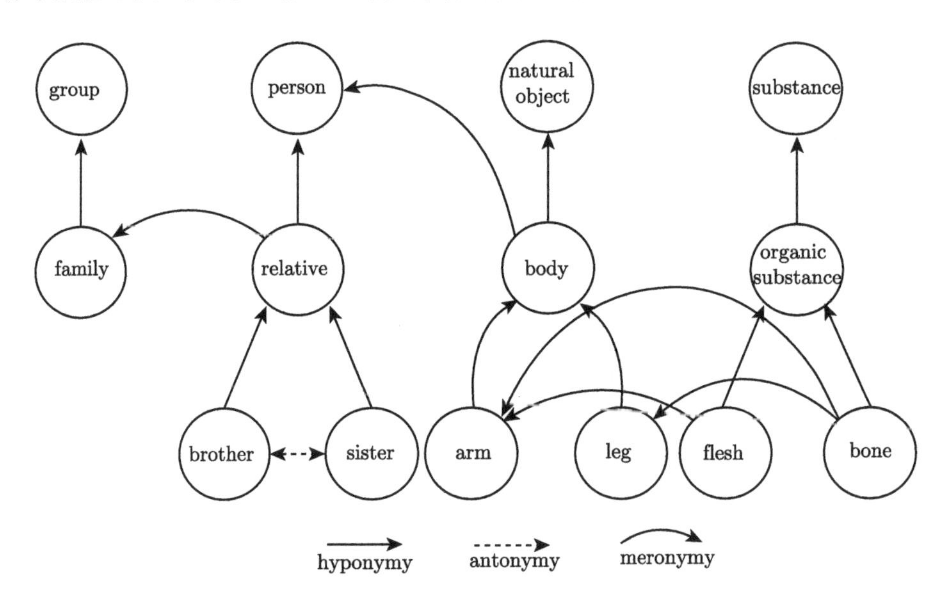


图 3.5　WordNet 名词之间的典型关系 [83]。其中“hyponymy”表示是一种关系，“antonymy”表示反义词关系，“meronymy”表示整体–部分关系。因此，这个网络的连边上实际上标注了有限的几种连词，属于连词种类受限制的概念地图。Miller 等人认为，这些关系，加上同义词 (已经整理在 WordNet 数据库里面每一个词的层次，没有画在图上) 关系，是人类名词关系当中的骨架关系，最主要最普遍的关系。

由于这个关系非常依赖于具体的科学领域，尽管一般来说本体论图还是包含有限的几种关系，但是，已经非常像概念地图这种一般系统图了。我们在这里给出来一个实践中被广泛使用的一个本体论图，医学领域的疾病药物本体网络——

①http://snomed.org/sg，2018 年 2 月 1 日访问。

Systematized Nomenclature of Medicine-Clinical Terms (Snomed CT①，医学系统命名法–临床术语)。图 3.6(a) 是 SNOMED CT 的设计框架。对于概念给出了唯一编码、标准名词、推荐使用的名词和建议不使用的名词。对于关系给出了“是一种”以及部分整体关系 (没有在途中画出来)，以及概念–属性关系。图 3.6(a) 是 SNOMED CT 有关糖尿病的一个例子。“二型糖尿病”“是一种”“糖尿病”，“二型糖尿病”“发现于”“内分泌系统”。这里“发现于”就是医学这个领域比较典型的关系。

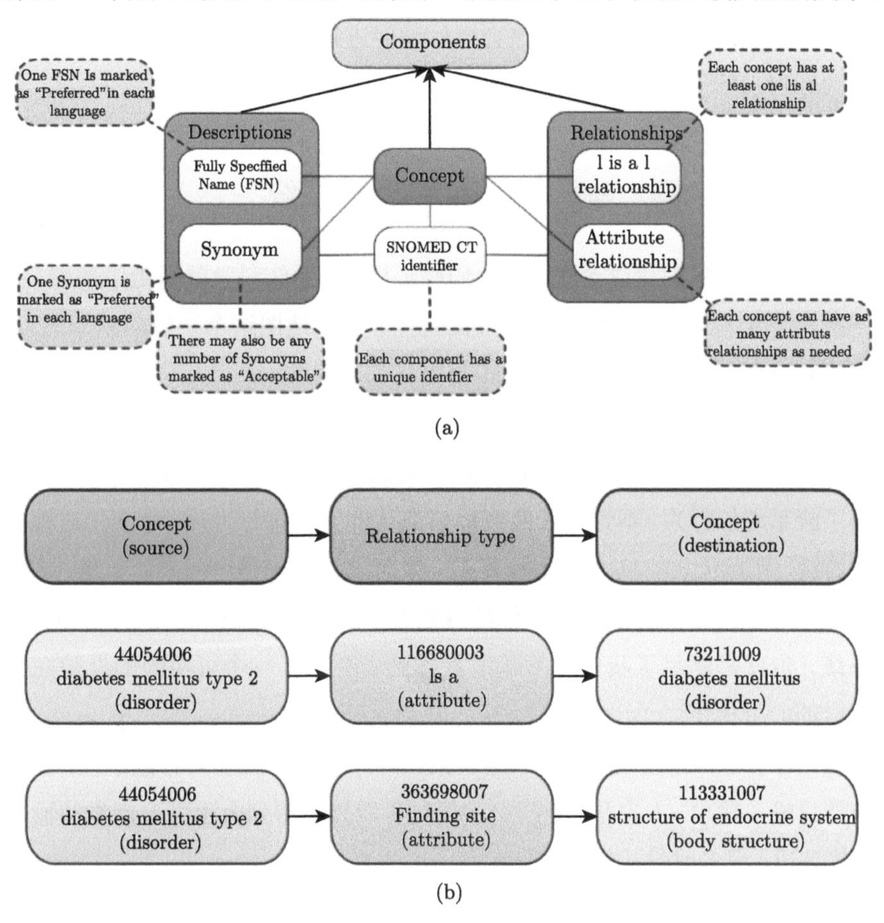


图 3.6 (a) 医学领域的疾病药物本体网络的设计框架。对于概念给出了唯一编码、标准名词、推荐使用的名词和建议不使用的名词。对于关系给出了“是一种”以及部分整体关系 (没有在途中画出来)，以及概念–属性关系。(b) 医学领域的疾病药物本体网络的有关糖尿病的一个例子：“二型糖尿病”“是一种”“糖尿病”，“二型糖尿病”“发现于”“内分泌系统”。这里“发现于”就是医学这个领域比较典型的关系。图来自于SNOMED CT Starter Guide。

目前，各个领域都在建立本领域的本体论图，或者说更一般的概念地图。实际上，研究论文里面描述的科学研究工作，也可以看做是在学科领域本体论图或者概念地图上的行走。有的时候提出了新的概念顶点，有的时候建立了顶点之间的新的联系，有的时候再一次考察了某个已经有的联系，有的时候给某个概念后者联系提供了一个佐证、应用或者反驳的案例。也就是说，科学研究工作不是工作在概念上，就是工作在概念之间的联系上。在不久的将来，这样的关于人类知识和人类知识创造过程、理解过程的视角，应该会更好地促进知识本身的发展。这牵涉到对知识的学习和对理解的系统。

## ■ 3.5　概念地图、理解型学习和理解系统

回到什么是系统科学这个主题。我们曾经提到，系统科学就是为了理解，为了更好地把握系统，为了洞彻联系。现在我们有了概念地图这个一般的系统图示法，我们再来看一看，它是如何帮助我们获得更好的理解的。

首先，对于可计算反馈图来说，实际上背后就是一组演化方程。有了方程，那么，我们就完全地了解了系统。给定参数和初始条件，原则上，通过求解方程，我们可以了解系统的行为，不管是长时间以后演化的稳定态行为，还是演化过程中的状态。当然，实际上，一旦方程比较复杂，如何求解出来是个问题。于是，人们才会找到一些定性的分析方法后者近似的分析方法。不过，本质上，只要有方程，就了解系统，也就是满足了我们说的给世界找到了建立了一个可检验的检验完了还比较符合的心智模型。

其次，对于本体论图来说，上下级关系一般来说对于属性具有继承性，例如生物要有能量输入输出，人也是生物之一，于是可以推理得到人也需要能量的输入输出。也就是说，很多时候，本体论图具有一定的可推理性。

那么，对于一般的概念地图来说，可计算吗，怎么算？由于一般概念地图里面包含的关系太丰富了，没有一定之规，要实现微分方程层次的计算，甚至是属性的逻辑推理，都是比较困难的。那么，是不是就没用了呢？不能促进对系统的理解了吗？不是的。一方面，概念地图也可以做计算分析，当然是比微分方程的分析和推理分析更加粗糙的计算分析，但是仍然是非常有意义的分析。其实，第一章的系统科学的例子里面的汉字网路和学习顺序就是概念地图和概念地图上的计算。更多

的细节可以从第十四章和第十五章。另一方面，概念地图使得我们能够看到系统的整体的同时看到系统的细节，也就是见树木又见森林。在这里，我再专门针对概念地图如何促进教学和学习，如何促进对系统的理解和大图景的把握，稍微展开一下。

以科学、课程、和课堂的概念地图为基础，我提出来做“关注学科大图景的学习和教学方法”。做任何事情，都有一个大思路和小技术的问题。在教学和学习上，大思路是如何选择教什么、学什么，小技术上是思考怎么教、怎么学、考什么、怎么考。非常生动活泼的课堂，学生参与度高的课堂，吸引学生注意力的课堂，自然是好的课堂。可是，如果老师没有解决教什么的问题，没有让学生体会到为什么选择这些内容来教，那么，这样的好课堂也仅仅在“课堂”这个技术和细节的层面是好课堂，但是不是好教学，不是好老师。那么，如何来选择教什么呢？这就需要老师从整体上对这个学科有一个把握。把握什么？我提出来，把握 学科大图景：这个学科的基本研究对象，典型思维方式，典型分析计算方法和典型应用。如何来把握这个大图景，以及把握了这个大图景之后怎么用？首先，建立一个学科的大概念地图，仅仅包含非常核心的概念。这个图可能很大，可能很难做出来，这都没关系，和下面的课程和课堂概念地图综合起来反复多次来制作，就行。接着，建立一个所教授的课程的概念地图，主要关注知识的逻辑结构，例如从哪一些更基本的知识就可以建立起来整个知识的大厦。最后，建立所教的每一节课的概念地图。在这个层次的概念地图上，主要回答，我这节课要教什么 (What)，传达什么信息，如何 (How) 传达这个信息，为什么 (Why) 要传达这个信息为什么要这样传达，学生知道这个信心以后有什么意义 (Meaningful)，这四个我称为 WHWM 的问题。在回答这四个问题的时候，自然，你就会回到课程大图和学科大图。例如，当你要回答为什么要传达这个，你可能觉得这个信息是有关典型思考方式的，或者典型计算分析方法的，那自然需要学生有比较好的理解。这样做以后，学生的学习就会有方向感，有目的感，而不是追寻着老师的脚步而已。有了方向感学习就会更有动机，理解也会更透彻。合起来也就会更容易做到“教的更少，学得更多”。把在理解上和知识的组织上需要老师提点的地方提点一下，把更多的学生通过自学和完成习题可以学的更好的那些部分留给学生自学。

上面讨论了老师教什么怎么教的角度，概念地图如何促进理解型教学，帮助学生把握好学科大图景，促进学生对学科的理解。类似的，学生学的角度，概念地图也可以帮助学生把握好学科大图景，促进学生对学科的理解。学生是通过学习一本书的每一章每一节每一段，或者听老师的每一节课每一句话每一个概念和例子的解释来学习的。如果没有方向感，不去追寻这个学科的大图景：典型问题、典型思维方式、典型计算分析方法和典型应用，就很可能会迷失在这些细节里面。有一些细节，如果不是直接和这些大图景有关的话，就算学过一遍，就算做过一些练习题，也会比较容易被遗忘。因此，学习的目的不是记住所有学过的东西，而是建立起来学科大图景，建立起来知识的组织结构。这样一旦学习新的东西，就通过把这个东西和应建立的结构联系起来学习；一旦解决问题的时候需要某个东西，就通过这个东西和大图景的线索，重新去找回来，或者自己去发明出来。如果把知识本身比作珍珠的话，那么，我们所要学到的东西是把珍珠串起来的线，怎么串的原则和思想。有一些知识单独来看可以是非常漂亮的珍珠，但是，有可能和学科大图景没有什么关系，仅仅是非常漂亮而繁琐的计算，或者把繁琐的计算用一个漂亮的技巧来解决。这样的知识，除非正好解决的技巧和这个学科的大图景有关，充其量也就是一颗漂亮的难得的珍珠，而不应该称为这个学科的核心内容。

学习的目的是为了创造知识和创造性地使用知识。重复性的平庸的使用知识——指的是其他人已经创造性地展示了某知识如何用于解决某问题，而学习者的任务就是学会这个运用——实际上不需要经过历经大学、研究生院、导师这样一个研究性学习的过程来实现。其最好的培养方式是培训，技能型的学习，例如通过职业教育，或者工作以后就接受岗位培训，甚至直接通过在工作实践中的摸索得来。我们这里的学习方法，尽管原则上还是可以在技能型学习中使用的，不包括这样的重复性的使用知识的学习。尽管人类财富的创造需要这样的重复性的运用，但是人类文明的进步是由创造知识和创造性地使用知识来推动的。我们知道，为了创造知识和创造性地使用知识，最关键的是需要理解知识，内化知识。一个学习者、研究者，只有把知识变成自己内在的能够自发运用的工具，才能以此为基础真正创造新的知识，或者把这个知识运用到其他人没有用过的地方，来解决现实世界的问题。从理解和内化的角度来说，知识的组织，围绕着学科大图景的组织，远远比知识本身要重要。当然，反过来，没有知识本身的细节，没有这些细节图和构成和呈现大图景，那么大图景就是空的。从这个角度来说，一个见树木又见森林的学习方式，也就是以概念地图为基础的学习和理解的方式，是非常有价值的。

关于如何进一步在教学和学习，以及考试中运用 概念地图 和系统性思维，有兴趣的读者可以看吴金闪的《教的更少，学得更多》[15]。

## ■ 3.6 作业

✍ **习题 3.1** 阅读 Boardman 和 Sauser 的*Systemic Thinking: Building Maps for Worlds of Systems*（《系统图示法》）[20]，做读书笔记。读书笔记包含总结和体会。内容上，总结和体会主要关注以下四个简称为“WHWM”的问题：主要传达了什么信息 (What)，作者是如何来构建和传达这个信息的 (How)，作者为什么要这样来传达来传达这个 (Why)，对读者我来说这个信息和这样传达有什么意义 (Meaningful)，我喜欢吗？体会部分结合阅读材料和自己的经验，要有具体例子，还要有观点，观点和例子还要能够有联系。形式上，需要运用概念地图和文字相结合的方式。所有的读书笔记的作业都是这个要求。

✍ **习题 3.2** 阅读 Novak 的*Learning, Creating, and Using Knowledge: Concept Maps as Facilitative Tools in Schools and Corporations*（《学习、创造和使用知识》）[87]，做读书笔记。

✍ **习题 3.3** 阅读 Whitehead 的*Aims of Education*（《教育的目的》）[88]，做读书笔记。

✍ **习题 3.4** 阅读吴金闪的《教的更少，学得更多》[15]，做读书笔记。

✍ **习题 3.5** 阅读 Adler 和 van Doren 的*How to Read A Book*（《如何阅读一本书》）[89]，做读书笔记。

✍ **习题 3.6** 阅读 Young 的Study Less, Learn More（《如何高效学习》）[90]，做读书笔记。

✍ **习题 3.7** 课程项目 (可以在得到反馈以后反复做)：选择一门课，按照我的要求 (这门课的主要研究对象是什么、主要研究任务是什么、研究方法和思想上有什么特征，按照这些对象、任务、方法和思想哪些概念是不可或缺的，学习了以后有助于理解前面的这些对象、任务、方法和思想，也有助于进一步学习的) 来呈现这门课的大图景。利用概念地图的方式来呈现。

✍ **习题 3.8** 找一本介绍数学模型的书，选择其中一个模型，最好是微分方程模型，制作反馈图、可计算反馈图、概念地图，并通过 iThink 或者自己编程来计算一下这个模型在某个参数选择下的解，并作图。可以参考本书的图 3.4。

# ■ 3.7　本章小结

在这一章里面，我们从面向对象程序设计的对象图出发，介绍了以概念地图为基础的系统图示法，以及概念地图在限定关系条件下的几个特例：反馈图、可计算反馈图和本体论图。我们还强调了所谓一个系统的图示，就是对系统内部包含什么元素、元素和元素之间的关系、系统和外界的联系的一个图形化的描述。有的时候，我们也把系统和外界的联系看做系统的整体功能，或者用面向对象程序设计的语言来说是接口。那么，元素和元素之间的关系如何完成这个功能，就是通常所说的结构和功能之间的关系。系统图示法能够促进我们对于这个结构和功能之间的关系的理解，能够促进我们对系统内部结构的理解，能够让我们既见树木又见森林。促进学习和理解，是系统思维的一大目标，而以概念地图为基础的系统图示法，在这一点上有特殊的优势。

搞清楚一个系统内部有哪些元素和元素之间是什么样的相互作用这样的内部结构，很多时候是系统科学的研究的第一步。当然，也可能是需要通过系统和外界的关系这个系统的行为或者功能来猜测这个系统的内部结构，甚至是一个交叉反复的过程，从系统的行为来猜测结构，从结构来推测行为，然后一直到两者相符的比较好。于是，有了系统内部结构的大致描述之后，下一步的问题就成了对于给定的结构，有什么方式可以研究这个系统的行为吗，如果这个给定的结构就是一个系统图示呢？下一章，我们将初步来讨论一下这个问题。接着，在中间第 II 卷，我们会插入数学物理部分的学习。之后，在第III卷，我们会继续回到对这个问题的讨论上：已知某些结构信息，我们如何研究其行为。并且，在绕道去学了数学物理之后，我们新的处理方法会用到很多数学物理的技术和思想。例如，什么叫做给定一个系统的结构？物理学，包括经典力学、统计力学、量子力学，都这样告诉我们，指的是给定这个系统的内部元素和元素之间的相互作用，并且形式上，给定了一个系统的叫做Hamiltonian的能量函数，就相当于给定了一个系统。从这个角度，给定一个系统的网络结构，或者说系统图示，可以看做给出了一个这个Hamiltonian的一个近似。

4

第四章

# 网络作为复杂系统的骨架

网络就是一个有顶点和顶点之间的连边构成的图。连边可以存在方向——这时候称为有向网络，可以带上数字和其他标记——这时候称为加权网络。如果连边既有方向又有数字，则被称为加权有向网络。

网络科学近些年比较热，从看起来就很像网络的对象，例如 Internet、电力网络、道路网络、论文引用关系、神经元网络，到初看起来不像网络的对象，例如经济产业结构、科学领域关系、人类交往、学科概念等等，都在使用和发展网络分析。那么，为什么网络具有这么大的普适性？这样的分析能够给这些问题带来什么新的视角或者新的解答，为什么能够带来这些？为什么我们把网络当做复杂系统的骨架，当做系统科学的重要的组成部分，作为思维方式还是分析方法？讨论和尽可能地来回答一下这些问题是这一章所要完成的任务。

至于更加具体的网络科学的介绍，见第十四章。当然，本章里面会用到一些网络的概念和分析方法，除了前面的例子中已经提到的，还会有一些在第十四章介绍的内容。因此，本章和第十四章最好交叉起来阅读。不过，我会尽量把自己局限在前面提到的例子里面。

## ■ 4.1　之前的举例中的网络视角

我们先来看之前的例子中的都有哪些网络。首先，信号编码问题的讨论中，我们用了二叉树，而二叉树是网络的特例：每个节点向下分开两支也就是两条边，从上面过来一条边，整个网络有根节点有方向，没有回路。为什么要用二叉树呢？因为我们的编码基本代码是 0,1 两个字符，因此，每增加一个字符就会把一个可能的编码变成两个可能的编码，也就是分成两叉。其次，汉字的例子中，汉字之间的以形为基础的音义的拆分联系也构成网络：汉字是顶点，汉字之间的以形为基础的音义联系是边。再次，PageRank算法里面的网页之间的超链接引用关系，以及类似的科研论文之间的引用关系，是网络：网页或者论文是顶点，引用关系是连边。接着，经济学的投入产出分析中的经济部门之间的联系也是网络：经济部门是顶点，投入产出关系是边。这个网络不仅有方向还有权重——连边上面带了流量的数字。类似的科学领域之间的投入产出关系和经济部门之间的投入产出关系类似，也是网络。化学反应网络比较特殊，那里有两种顶点：反应物和反应方程，连边也是有向的——如果一个反应物是一个方程的投入端物质则从物质连向方程，如果一个反应物是一个方程的产出端物质则从方程连向物质。在项目管理中，任务分解依赖关系图也是网络：任务是顶点，依赖关系是连边。

可以看到，在我们有限的几个例子中，网络已经占了很大的比例。那么，为什么网络一个这么简单的东西——不过就是顶点和顶点之间的连边——可以描述这么多的现象？用网络来描述这些现象以后又如何呢？能够帮助研究者解决和这些系统相关的问题吗？这些问题的答案和网络的基本精神有关。

## ■ 4.2　网络的精神：几何性和网络效益

我把网络的几何性和网络效益称为网络的精神。在解释几何性和网络效益之前，我们需要再来讨论一下科学和数学的关系。在这里我们强调表示——也就是用来描述科学对象的数学结构和这个科学对象之间的关系——的忠实性。也就是说，最好能够对这个数学结构做的所有的数学操作，在具体科学对象上都有意义，并且能够对科学对象做的实际操作，都可以表现为对数学对象的数学操作。例如，矢量的加法、数乘 (拉伸)、转动、求长度是矢量的基本数学操作。我们来看看当我们用矢量表示位移的时候，这些数学操作对应着实际位移中的什么事情。加法就是前后两个位移合起来，或者把一个位移看做在不同的方向上 (通常是在相互正交的方向上) 同时做的位移。数乘就是把一个矢量的方向固定长度变化一下。在实际问题中，这个可能是测量单位的变化，也可能是在这个方向上运动了更长的时间。也就是说，实际问题中，也确实需要数乘这个操作。转动可能是测量的参考系变了，例如测量的人转了一个角度，也可能是某个力拉着一个物体使得这个物体在转动。也就是说，实际情形中，是存在改变位移的方向但是不改变位移的长度的事情的。最后，求长度的数学操作就是测量位移代表的距离，不管方向。因此，矢量和位移真的是存在很好的对应关系的：凡是数学上能做的事情，实际中就能做，反之亦然。这就是忠实表示的一个例子。我们说，矢量是位移的忠实表示，或者简单地说，位移是矢量。

那么，我们能不能在用网络来描述问题的时候也做到表示忠实呢？那么，什么是网络这个数学结构里面最重要的最核心的内涵，以及什么是对一个网络的数学操作呢？有了这些才能讨论表示是不是忠实的问题①。

---

①顺便，在面向对象的编程里面，一个对象的内涵叫做内部变量，一个对象的典型操作叫做这个对象的方法。忠实性的意思就是需要把实际对象的各种能够做的操作都在程序世界里面的对象上实现出来。

网络有什么？只有顶点和顶点之间的联系。连顶点上的记号原则上都是没有的。连边上可以有边的种类的记号，以及权重。这就是网络的所有的信息。也就是说，从网络的角度来说，一个顶点和另一个顶点的区别，只能通过连着这些顶点的连边来确定。如果边还是无权无向的，则仅仅能够通过这两个顶点的邻居来决定。也就是说，对于无权无向网络来说，如果两个顶点拥有一样的邻居，那么实际上，这两个顶点本身就是不可区分的。这样的不可区分性，就会导致将来用这个数学结构描述的实际问题中，这样的顶点也必须是不可区分的才行，才有可能是忠实表示。当然，如果这一点不满足，还可以考虑加权的或者有向的网络，或者加权有向的网络。但是，同样的问题，如何这个时候，两个顶点它们的邻居一样，而且和邻居之间的连边的方向和权重也一样，则实际上，这两个顶点对应着的实际对象也必须是一样的才行，才有可能是忠实的表示。

于是，一个具有这样的性质的对象来描述实际系统的时候，我们也只能够来描述具有这样的性质的系统。也就是说，如果在我们的实际系统中，所有的性质也确实通过对象和对象之间的联系就能够表示，而且在数学描述中还不能给这些实际对象不同的编号或者名字来区分，也就是说，只能靠和其他对象的关系来定位这个对象的内涵①。我把这个称为网络的几何性：只能通过顶点和顶点之间的联系的方向、种类和上面携带的数值来对实际系统做一个描述。

那么，我们面前的例子中，哪些是具有或者近似具有这个几何性的呢？网页之间的超链接关系实际上对于网页检索排名问题来说，并不是全部的信息，例如忽略了网页上的内容以及内容和用户兴趣的匹配的问题，因此是一个近似的描述。但是这个近似已经比较全面，并且使得计算变得非常容易。更重要的事情是，如果将来在这个超链接网络的基础上，我们用其他的网络来把用户兴趣和内容主题的信息补充回来，没准就能够得到既足够忠实又计算足够简单的表示。化学反应网络是不是一个忠实的表示？从化学反应网络和化学反应动力学的角度来说，还确实是非常接近忠实的表示，只要在连边上加上化学反应系数。一个化学反应确实是由投入物质和产出物质来定义的。一个反应物也确实是由它能够参加的所有的反应来定义的。因此，除了需要额外的一组代表每一个化学反应的反应速率的向量 $\vec{k}$ 之外，实际上，化学反应网络和化学反应动力学，是完全一一对应的。当然，化学反应动力学和实

①在面向对象编程的语言中，这样的实际上相同，但是名字不同的东西，都只有通过同一个抽象类来产生不同的这个类的实体。

际化学反应是不是一一对应，那是另一个问题。例如，空间不均匀性就没有放到一般的化学反应动力学方程里面去。如果要求我们的化学反应网络也能够描述空间的信息，我们实际上还需要在化学反应网络上再加上另一层代表空间关联的网络。同样的事情也会出现在人群中的六度分离现象的实验中。在实验中，人们要求只能通过给认识的人来传递信件的方式来把随机收到的信件送到正确的收件人手里。如果我们仅仅考虑熟人网络，则，确实也能够算出来一个平均配对距离，但是很难真的实现这些最优的路径。这是因为计算路径的时候，我们采用了全局信息，而每一个实验者只能从他/她的熟人中来找一个人送信，很有可能不是那个理论上知道全局信息以后算出来的最合适的人。这个问题称为网络上的导航。这个时候，我们就有可能需要在这个网络上增加一些信息，例如大概的空间位置的网络，以及原来的熟人网络和空间网络之间的粗糙的或者精确的联系。比如，如果我看名字大概知道是一个德国人，那么我就传给我的德国朋友会比较合适。也就是说，当我们的研究问题需要额外的信息的时候，我们还可以通过增加一层网络的办法来把需要的信息接近忠实地加入到我们的数学结构里面来。当然，也可以简单粗暴地直接把原来的熟人网络嵌入到位置空间中，并且让位置信息可以完整地或者部分地信件被传递者使用。实际上，这就是 Kleinberg 在网络的导航的工作中做的事情 [91]。

也就是说，我们要把我们关心的系统上的所关注的问题，转化成一个只需要通过顶点和顶点之间的联系就能描述和解决的问题。如果不行，那当然可以通过增加其他的信息——最好这个信息还是网络的形式——来得到一个忠实或者接近忠实的表示。然后，下一步的事情是，在拥有这些信息的一个网络描述上，我们能够做什么样的数学计算和操作，这些操作是否对应着实际系统上有意义的事情。更多的典型的分析计算方法我们会专门在第十四章来介绍。这里只提一提几个典型的简单的计算。例如，度、平均最短距离、平均集聚系数还有PageRank算法及同类的投入产出分析算法。度就是把每一个顶点的邻居的数量数出来。平均最短距离，就是对每一对顶点之间最短的距离先算出来——原则上要尝试这两点之间所有的路径然后确定最短的那个——然后，对所有的顶点对做等权平均。平均集聚系数就是数一数我的朋友之间是朋友的数量和朋友之间可能是朋友最大数量 (如果有 $d_i$ 个朋友，则这个最大可能数量应该是 $\frac{d_i(d_i-1)}{2}$) 之间的比例，也就是连着我的三角形的数量比例，然后，对每一个顶点的这个比例做平均。广义投入产出算法已经在第二章中介绍过。

那么，为什么要提出来这些量呢？它们具有什么样的一般性呢？比如，在传染病现象中，在接触就能够传播的极端条件下，传染的路径肯定是最短路径。于是。一个网络的最短路径的长短，肯定就反映了这个网络传染疾病的能力。在更加一般的条件下，这个平均最短距离仍然能够比较好地描述网络传染疾病的能力。当然，更加细致的研究发现，平均最短距离、平均集聚系数都是很大程度上决定网络的传染能力的量 [92]。几何性还有一层含义：网络上的分析及算方法通常通过定义和计算网络的某个几何特征来体现，并且研究者希望这样的几何特征在很多网络上的现象中都具有描述能力。类似传染病的问题还有很多，例如谣言和新闻消息的传播、投票现象、购买流行产品或者金融产品的问题等等。那首先对于这些问题，我们必须问，所做的类似于最短距离这样的计算，在实际现象中意味着什么，必须是有意义的才能够做这样的计算。另外，必须问，算了这些能够告诉我们什么别的方法不能告诉我们的东西。

前者就是表示的忠实性的问题。后者就牵涉到网络分析的另一个特点：网络效益。下面我们来谈网络效益。

网络效益主要是在网络分析方法背后的思维方式的层面。先来说反例，不考虑网络效益的分析方法。如果我们不考虑事物之间的联系，完全孤立起来看，没有网络，则是不考虑网络效益的一种表现。例如，汉字也完全可以一个一个地学，不需要联系起来。单独抄写和记忆，也是一个学习方式。不过，我们已经发现，有了联系，我们可以在局部的层次就做得更好：在学习每一个汉字的时候，把这个汉字和它的上下层的连在一起的字联系起来学习，可以促进学生对这个字的理解、记忆和使用。但是，如果拿到一个网络之后，所做的分析就是去看看每一个顶点有几个邻居，也就是统计度和度分布，那么这就是实现了从孤立到有联系而已，还不是运用了网络分析的全部威力。网络分析的全部威力藏在那些运用了“从直接到间接，从个体到局部再到整体”的分析及算方法之中。例如我们提过的广义投入产出分析的例子，例如传染病传播能力的例子。当然，对于网络上的很多现象，研究工作发现，其实了解了度分布之后，就很大程度上，能够知道这个现象的一些特征了。例如，幂律分布的网络上某些传染病的控制不能得到控制 [93]。这个现象的原因需要将来在讨论平均场理论的时候再来进一步说明。在PageRank算法还有投入产出算法中也存在着类似的现象：综合考虑了直接和间接联系的算法得到的结果和仅仅考虑直接联系得到的结果存在很大的相关性，尽管按照算法的理念上，它们的结构可以有比较大的差别。这个问题也会等到在讨论广义投入产出分析的时候再来展开。

当然，表示的忠实性的问题也不能过于强调。科学永远不是追求实际上的忠实，也就是说，科学不是为了做出来一个和实际一模一样的东西，从而来忠实地描述实际。科学是为了建立一个数学模型，心智模型，这样的模型肯定是对现实的简化，但是，在所感兴趣的问题上，却能够忠实地或者足够忠实地描述这个系统。

再加上我们说过，丰富的现象的根源都来自于相互作用，而网络是描述相互作用的基本的工具，并且网络效益和相应的分析及算方法体现得正好就是系统科学“从无相互作用到有相互作用，从直接联系到间接联系，从个体到整体”的思想，因此，我们把网络看做是描述系统的骨架。

除了网络的精神，以及前面提过的使用网络来描述和解决问题的例子，还有将来要更加详细介绍的关于网络的内容，在这里还想再一次强调一下网络，尤其是多层网络，对实际系统的元素之间的相互作用的描述能力。我们已经看到了一种顶点的网络和两种顶点的但是只有种类之间有连边的网络的描述能力的例子。更一般地来说，还有两种顶点但是，顶点之间存在着三种联系的网络：第一种顶点之间的联系、第二种顶点之间的联系，以及两种顶点之间的联系。这样的一般的网络被称为多层网络。其实，在网络上的导航问题的讨论中，我们已经悄悄地使用了包含熟人关系、地理位置关系、人和位置对应关系的网络。将来我们还会看到这样的多层网络在其他方面的例子，甚至它可以成为对一个学科的问题的基本的描述。例如，科学计量学的研究可以看做是包含：科学家、论文、学科概念三种顶点的网络的研究，这些顶点存在着例如学术传承关系、作者论文写作关系、论文工作在某概念上的关系等多种关系。一旦我们把研究对象和研究问题都表达成统一的语言，那么，这个学科的后续研究，就可以在这个框架下问，对于这些的问题和数据，我们想要解决这样的问题，分析计算的方法有哪一些。当然，有必要的时候还可以拓展这个基本描述的框架。但是，有这样一个统一的描述是可以很大程度上推动这个学科的发展的。在这个意义上，科学计量学也可以看做是系统科学以及数据科学的具体对象领域。

## ■ 4.3 作业

✍ **习题 4.1** 阅读Albert和Barabási的*Statistical mechanics of complex networks*[94]，做阅读报告。

✍ **习题 4.2**　阅读吴金闪和狄增如的《从统计物理学看复杂网络研究》[95]，做阅读报告。

✍ **习题 4.3**　阅读汪小帆、李翔和陈关荣的《网络科学导论》[96]，做阅读报告。

✍ **习题 4.4**　阅读Barabási和Pósfai的*Network science*[97]，做阅读报告。注意，做读书报告的时候一定要思考网络科学是什么的问题，并且用好 WHWM(主要信息是什么，怎么构建的主要信息，为什么要表达这个为什么这样表达，你觉得如何。更多关于读书的方法见文献 [15, 89]) 方法。推荐用文字结合概念地图的形式来做读书报告。

## ■ 4.4　本章小结

在这一章中，我们学习了一点什么是网络，网络上有哪些典型分析计算方法。但是，其中更重要的是学习到为什么以及怎么样来把系统看做网络：网络一定要尽量通过连接关系来体现网络上的顶点和边的内涵，还要尽量做到是系统的忠实的表示，或者至少是所关心的现象的忠实的表示，网络最核心的精神是用联系来表示相互作用并且用基于这些性质提炼出来的几何量来描述和解决实际系统的问题——也

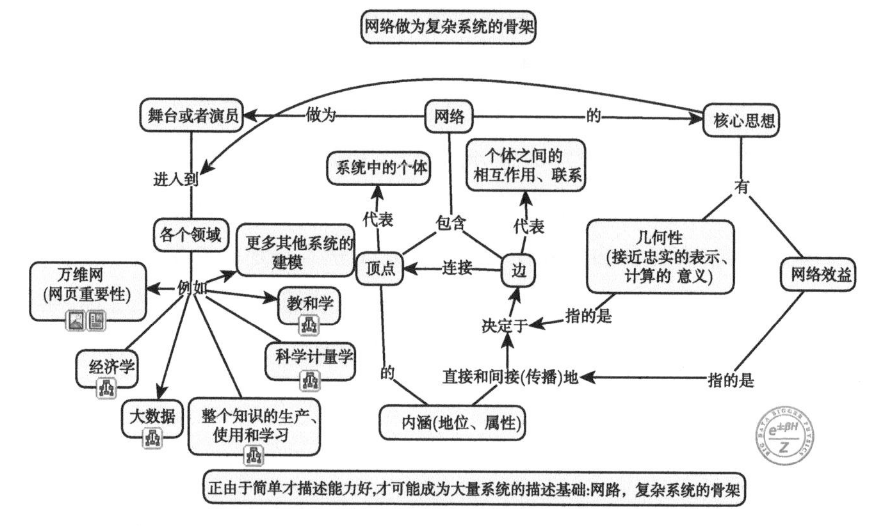


图 4.1　一张图来体现什么是网络、网络的几何性和网络效益，以及网络在各个具体系统上的应用。

就是网络的几何性，网络分析方法的核心是考虑直接联系和间接联系的综合——也就是网络效益。图 4.1 是对这以章的总结，其中那些具体系统的例子将来会再展开。

如果你仔细看，你会发现，本书的第二章里面有大量的网络，第三章实际上也是网络，将来我们还会有专门介绍网络的一章第十四章。因此，从内容篇幅上，就可以看出来，网络确实是系统科学的核心——体现在描述系统描述数据上，体现在分析方法上，体现在思维方式上。再加上网络描述很多时候是一个简化，扔掉了细节，抓住了主要联系。在这个意义上，我们称网络为复杂系统的骨架。

5

第五章

# 为什么要学习数学和物理

这一节的主要任务是对本书的第一卷做一个总结，并且为展开第二卷做一个铺垫。从内容上后者篇幅更多，因此放在第二卷里面其实更加合适。不过，考虑到放在第一卷可以起到吸引读者来看第二卷的作用，或者帮助不回去看第二卷的读者省钱的作用，就还放在第一卷了。那我们就先来总结第一卷，然后来说为什么要学习数学和物理。实际上，这个第一卷中的每一节都会在第二卷或者第三卷中展开一章或几章来论述。

## ■ 5.1　第一卷总结：全书的结构

图 5.1 是我对全书结构的总结。首先，就像从目录结构中也能看到的一样，我把整本书分成了三个部分：系统科学导论、系统数理基础和系统分析方法。系统科学导论部分我们通过举例子和对例子的总结主要讨论了“什么是系统科学”，也就是系统科学的系统性和科学性。在科学性里面主要讨论了科学和数学的关系、实验和可计算的理论在科学中的地位、批判性思维在科学中的地位、统一性的追求在科学中的地位、系联性思考在科学中的地位。在系统性里面，我们主要关心相互作用的地位和从孤立到有联系从直接联系到间接联系从个体到整体的处理方法、多个个体相互作用导致的涌现性相变等特有的现象。同时，在第一卷里面，还用举例子的方式稍微提到了系统分析方法，例如系统图示发、广义投入产出分析、网络分析、临界现象等。这里要注意，读者在搞清楚每一个例子本身的内容之后，要对这个例子放在这张概念地图的哪个部分做一个思考。例如汉字学习的例子反映了系统科学的典型思维方式和分析方法，也就是系统科学的系统性，也是系统分析方法——广义投入产出分析的一个例子。

在搞清楚每一个例子，例子和整体设计的联系的基础上，还要不断地来问自己，系统科学的学科大图景——也就是典型研究对象、研究问题、思维方式、分析方法、以及这个学科和世界还有其他学科的关系是什么这个学科如何服务于社会如何用于理解世界——到底是什么，每一个答案都有没有合适的理论和例子来说明。

不断地去拷问自己这些问题，同时不断地通过研究、学习甚至教学积累素材，积累对这些问题的思考，才能把这个学科学好、用好、发展好。

那么，问题就来了，系统科学没有自己的特定研究对象——我喜欢称之为横断

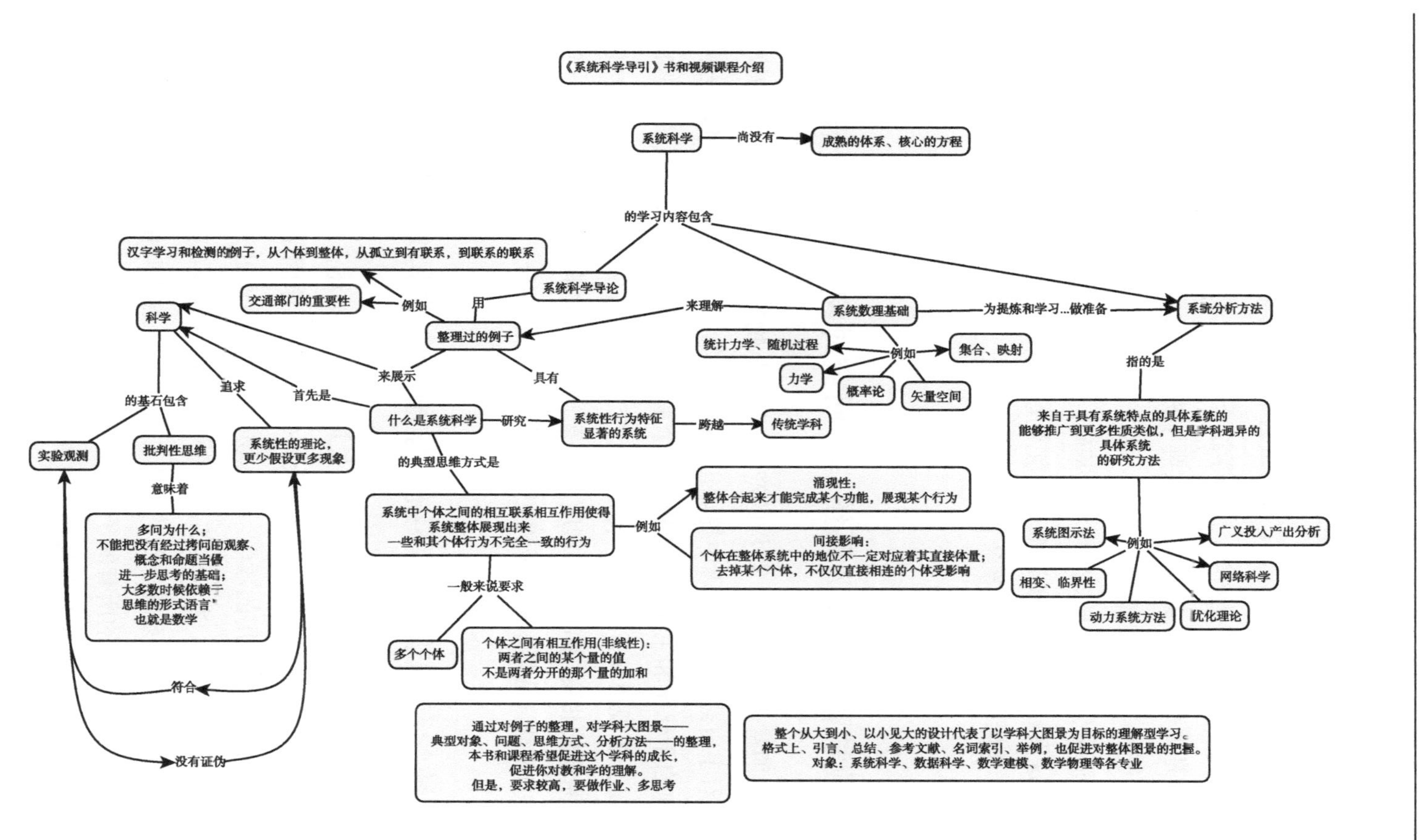


图 5.1 反映了本书的主要内容和整体设计的概念地图

学科，它的典型对象、问题、思维方式、分析方法从哪里来呢？一个重要的来源就是数学和物理，尤其在思维方式和分析方法上，在基本概念上。有的时候，它们也是系统科学研究对象和问题的来源。我们从这个角度再来看前面的例子。

从根本上说，系统科学是科学，而科学迄今为止最成功的例子是物理学，并且科学可以看做是把数学用于实际以及从实际中提炼和发展数学，因此，数学和物理学自然就是系统科学的基础和源头。不过，这个意义上的基础和源头对于所有的科学都成立。它们是化学的基础、生物学的基础、信息科学的基础、地球科学的基础等等等等。在这里我们不再强调这个一般意义上的基础和源头。我们用前面的介绍过的例子来更具体地体现作为系统科学的研究对象、思维方式和分析方法的源头的数学和物理。

## ■ 5.2　数学和物理作为系统科学研究对象和问题的来源

系统科学的基本问题之一，结构的产生，就是从物理学的结构的产生，例如激光的产生、对宇宙热寂说的反思中提炼出来的。见第二章关于热寂说和激光的部分。当然，来自于化学和生物的现象也是这个基本问题的重要来源。系统科学的基本问题，也是分析视角和方法之一，定态和相变，不管是平衡相变还是非平衡相变，还是动力学系统的相变，都是极大程度上来源于物理和数学，或者至少主要受到了数学和物理的推动。见第二章关于相变和动力学系统的部分。

## ■ 5.3　数学和物理作为系统科学思维方式和分析方法的来源

在前两章的例子中，我们大量使用了矢量、矩阵的描述方法，我们还注意到很多问题需要问状态怎么描述、状态是否会变化、变化的原因是什么。前者是数学，而且是在物理学中大量使用的数学。基本物理学量都是通过矢量矩阵张量，当然还有称为标量的一般的数，来表达的。后者是力学的世界观。就是把任何系统都看做是有系统内部的因素和系统外部的因素作用下的状态的演化和测量的过程。这样的一个世界观在物理学的所有的子学科，例如经典力学、量子力学、电动力学、相对论、统计物理学的基础问题等等，里面都是理论的主线。在相变、投入产出分析、PageRank算法和流平衡分析里面我们都采用了关联函数——时间空间关联函数、矩阵逆和矩阵本征值本征向量。将来我们还会知道这样的关联函数也被称为Green 函数讨论的是在某个状态下一个位置一个时刻的扰动如何引起另一个位置另一个时间的扰动。这样的分析技术在处理相互作用上有特殊的重要性和普遍意义。同时，我们也注意到，纯技术上，系统科学也可以从数学和物理学学习到很多，例如定态和动态系统的优化方法实际上就是来自于数学和物理学的变分法和最小作用量原理或者说离散和连续变量的Lagrangian 乘子法的应用。

总结起来，首先，学习数学和物理是给自己的工具箱里面准备好一些结构，这样需要的时候可以用这些结构来描述世界，也增加一点从实际具体系统中提炼和发展一般数学结构的经验，这样有必要的时候也可以发展自己的工具箱。其次，学习数学和物理也使得自己对某些问题的知识和概念有比较深刻的认识，这样有必要的时候，在研究别的问题的时候，也可以用这些知识和概念。最后，熟悉一些用于物理的数学分析的技术，有的时候也是有帮助的。更何况有的时候在运用这些计算分析技术的时候，还有一些重要的思想，例如相互作用的重要地位和处理技术。领会这些思想，理解物理和数学学科的大图景，在具体系统的研究工作中，也是有帮助的。

## ■ 5.4 本章小结

本章主要起到一个承上启下的作用，并且企图鼓动你来学一点数学和物理。

敬请期待后续两卷：系统科学的数学物理基础和系统科学的基本理论。

# 参 考 文 献


[1] Popper K. The Logic of Scientific Discovery [M]. London/New York: Routledge, 2005.

[2] Rustichini A. Neuroeconomics: what have we found, and what should we search for [J]. Current Opinion in Neurobiology, 2009, 19 (6): 672 – 677. Motor systems · Neurology of behaviour.

[3] Bikhchandani S, Hirshleifer D, Welch I. Learning from the Behavior of Others: Conformity, Fads, and Informational Cascades [J]. Journal of Economic Perspectives, 1998, 12 (3): 151–170.

[4] Dai W, Wang X, Di Z, et al. Logical Gaps in the Approximate Solutions of the Social Learning Game and an Exact Solution [J]. PLOS ONE, 2015, 9 (12): 1–18.

[5] Karst J, Erbilgin N, Pec G J, et al. Ectomycorrhizal fungi mediate indirect effects of a bark beetle outbreak on secondary chemistry and establishment of pine seedlings [J]. NEW PHYTOLOGIST: 904–914.

[6] Gorzelak M A, Asay A K, Pickles B J, et al. Inter-plant communication through mycorrhizal networks mediates complex adaptive behaviour in plant communities [J]. AoB PLANTS, 2015, 7: plv050.

[7] Filotas E, Parrott L, Burton P J, et al. Viewing forests through the lens of complex systems science [J]. Ecosphere, 2014, 5 (1): 1–23. art1.

[8] Brin S, Page L. The anatomy of a large-scale hypertextual Web search engine [J]. Computer Networks and ISDN Systems, 1998, 30 (1): 107 – 117. Proceedings of the Seventh International World Wide Web Conference.

[9] Yan X, Fan Y, Di Z, et al. Efficient Learning Strategy of Chinese Characters Based on Network Approach [J]. PLOS ONE, 2013, 8 (8): 1–7.

[10] 陈沣. 切韵考 [M]. 广州: 广东高等教育出版社, 2004.

[11] 章太炎. 文始 [M]. 台北: 中华书局, 1970.

[12] 王宁. 汉字构形学 [M]. 北京: 商务印书馆, 2015.

[13] Anderson P W. More Is Different [J]. Science, 1972, 177 (4047): 393–396.

[14] Kadanoff L P. More is the Same; Phase Transitions and Mean Field Theories [J]. Journal of Statistical Physics, 2009, 137 (5): 777.

[15] 吴金闪. 教的更少, 学得更多 [M]. 北京: 人民邮电出版社, 2017.

[16] Gowers T. Mathematics: A Very Short Introduction [M]. Oxford: Oxford University

Press, 2002.

[17] Mobus G E, Kalton M C. Principles of Systems Science [M]. Springer-Verlag New York, 2015.

[18] Senge P M. The Fifth Discipline: The Art & Practice of The Learning Organization [M]. Currency and Doubleday, 1994.

[19] Sherwood D. Seeing The Forest for The Trees : A Manager's Guide to Applying Systems Thinking [M]. Nicholas Brealey Pub., 2002.

[20] Boardman J, Sauser B. Systemic Thinking: Building Maps for Worlds of Systems [M]. 1st ed. Wiley Publishing, 2013.

[21] Whitehead A N, Russell B. Principia Mathematica [M]. Cambridge University Press, 1925–1927.

[22] Beveridge W I B. The art of scientific investigation [M]. Melbourne: Heinemann, 1953.

[23] Decartes R. 谈谈方法 [M]. 北京: 商务印书馆, 2000.

[24] Browne M N, Keeley S. Asking the Right Questions: A Guide to Critical Thinking [M]. Prentice Hall, 1997.

[25] Mikolov T, Chen K, Corrado G, et al. Efficient Estimation of Word Representations in Vector Space [J]. CoRR, 2013, abs/1301.3781.

[26] Mikolov T, Sutskever I, Chen K, et al. Distributed Representations of Words and Phrases and their Compositionality [M] // Burges C J C, Bottou L, Welling M, et al. Advances in Neural Information Processing Systems 26. Curran Associates, Inc., 2013: 2013: 3111–3119.

[27] Grover A, Leskovec J. node2vec: Scalable Feature Learning for Networks [C]. In ACM SIGKDD International Conference on Knowledge Discovery and Data Mining (KDD), 2016.

[28] 吴金闪. 二态系统的量子力学 [M]. 北京: 科学出版社, 2017.

[29] Rosvall M, Bergstrom C T. Maps of random walks on complex networks reveal community structure [J]. Proceedings of the National Academy of Sciences, 2008, 105 (4): 1118–1123.

[30] Falconer K. Fractals, A Very Short Introduction [M]. Oxford University Press, 2013.

[31] Mandelbrot B B. The Fractal Geometry of Nature [M]. W. H. Freeman and Co., 1982.

[32] Jurczyszyn K, Osiecka B J, Ziółkowski P. The Use of Fractal Dimension Analysis in Estimation of Blood Vessels Shape in Transplantable Mammary Adenocarcinoma in

Wistar Rats after Photodynamic Therapy Combined with Cysteine Protease Inhibitors [J]. Computational and Mathematical Methods in Medicine, 2012, 2012: 793291.

[33] 杨展如. 分形物理学 [M]. 上海: 上海科技教育出版社, 1996.

[34] 赵凯华. 定性与半定量物理学 [M]. 北京: 高等教育出版社, 2008.

[35] Goldstein H, Poole C P, Safko J L. Classical Mechanics (3rd Edition) [M]. 3rd ed. Addison-Wesley, 2001.

[36] Bender E A. An Introduction to Mathematical Modeling [M]. Dover Publications (Educa Books), 2000.

[37] Haken H. Synergetics. An Introduction. Nonequilibrium Phase Transitions and Self-Organization in Physics, Chemistry, and Biology [M]. Springer-Verlag, 1978.

[38] Nicolis G, Gregoire and Nocolis, Prigogine I. Exploring Complexity: An Introduction [M]. St. Martin's Press, 1989.

[39] Prigogine I. The End of Certainty [M]. Free Press, 1997.

[40] Holland J H. Complexity: A Very Short Introduction [M]. Oxford University Press, 2014.

[41] Prigogine I. From Being To Becoming [M]. W H Freeman & Co, 1980.

[42] Koschmieder E L. Bénard Convection [M] // Prigogine I, Rice S A. In Advances in Chemical Physics. John Wiley & Sons, Inc., 2007: 177–212.

[43] Fujimoto M. Introduction to the Mathematical Physics of Nonlinear Waves [M]. Morgan & Claypool Publishers, 2014.

[44] Chladni E F F. Entdeckungen über die Theorie des Klanges [M]. Weidmanns Erben und Reich, 1830.

[45] Gander M J, Wanner G. From Euler, Ritz, and Galerkin to Modern Computing [J]. SIAM Review, 2012, 54 (4): 627–666.

[46] Kittel C. Introduction to Solid State Physics [M]. John Wiley & Sons, 1986.

[47] Dhahri M, Dhahri J, Hlil E. Critical behavior near the ferromagnetic to paramagnetic phase transition temperature in polycrystalline La0.5Sm0.1Sr0.4Mn1.xInxO3 (0.x.0.1) [J]. Journal of Magnetism and Magnetic Materials, 2017, 434 (Supplement C): 100 – 104.

[48] Baxter R J. Exactly Solved Models in Statistical Mechanics [M]. Academic Press, 1982.

[49] Wolf W P. The Ising model and real magnetic materials [J]. Brazilian Journal of

Physics, 2000, 30: 794–810.

[50] S H. Theoretische und experimentelle Untersuchungen zum Hochdruckphasengleichgewichtsverhalten fluider Stoffgemische für die Erweiterung der PSRK-Gruppenbeitragszustandsgleichung [M]. Universität Oldenburg, 2000.

[51] Bak P, Tang C, Wiesenfeld K. Self-organized criticality: An explanation of the 1/f noise [J]. Phys. Rev. Lett., 1987, 59: 381–384.

[52] Barnett L, Lizier J T, Harré M, et al. Information Flow in a Kinetic Ising Model Peaks in the Disordered Phase [J]. Phys. Rev. Lett., 2013, 111: 177203.

[53] Deng Z, Wu J, Guo W. Rényi information flow in the Ising model with single-spin dynamics [J]. Phys. Rev. E, 2014, 90: 063308.

[54] 郝柏林. 从抛物线谈起 [M]. 北京: 北京大学出版社, 2013.

[55] 赵元任. 语言问题 [M]. 北京: 商务印书馆, 2000.

[56] 许慎撰，徐铉校定. 说文解字 [M]. 北京: 中华书局, 2004.

[57] Page L. Method for node ranking in a linked database [J]. Washington, DC, U.S. Patent and Trademark Office, 2001: US 6,285,999 B1.

[58] Pinski G, Narin F. Citation influence for journal aggregates of scientific publications: Theory, with application to the literature of physics [J]. Information Processing & Management, 1976, 12 (5): 297 – 312.

[59] Leontief W. The Structure of American Economy, 1919-1929 [M]. Cambridge: Harvard University Press, 1941.

[60] Miller R, Blair P. Input-Output Analysis: Foundations and Extensions [M]. 2nd ed. Cambridge, UK: Cambridge University Press, 2009.

[61] Shen Z, Yang L, Pei J, et al. Interrelations among scientific fields and their relative influences revealed by an input-output analysis [J]. Journal of Informetrics, 2016, 10 (1): 82 – 97.

[62] Érdi P, J T. Mathematical models of chemical reactions: Theory and applications of deterministic and stochastic models [M]. Princeton, NJ, USA: Princeton University Press, 1989.

[63] Palsson B O. Systems Biology: Properties of Reconstructed Networks [M]. New York, NY, USA: Cambridge University Press, 2006.

[64] Edwards J S, Ibarra R U, Palsson B O. In silico predictions of Escherichia coli metabolic capabilities are consistent with experimental data [J]. Nature Biotechnology,

2001, 19: 125–130.

[65] Orth J D, Thiele I, Palsson B ? What is flux balance analysis? [J]. Nature Biotechnology, 2010, 28: 245–248.

[66] Dixit A, Skeath S, Reiley D. Games of Strategy [M]. W. W. Norton & Company, 2009.

[67] McKelvey R D, Palfrey T R. Quantal Response Equilibria for Normal Form Games [J]. Games and Economic Behavior, 1995, 10 (1): 6 – 38.

[68] Wu J. A new mathematical representation of Game Theory, I & II [J]. arXiv, 2004 (quant-ph/0404159 & quant-ph/0405183).

[69] Zhuang Q, Di Z, Wu J. Stability of Mixed-Strategy-Based Iterative Logit Quantal Response Dynamics in Game Theory [J]. PLOS ONE, 2014, 9 (8): 1–16.

[70] Guo H, Zhang J, Koehler G J. A survey of quantum games [J]. Decision Support Systems, 2008, 46 (1): 318 – 332.

[71] Meyer D A. Quantum Strategies [J]. Phys. Rev. Lett., 1999, 82: 1052–1055.

[72] Wu J. Hamiltonian formalism of game theory [J]. arXiv, 2005 (quant-ph/0501088).

[73] Weibull J W. Evolutionary Game Theory [M]. The MIT Press, 1997.

[74] Fudenberg D, Levine D. The theory of learning in games [M]. The MIT Press, 1999.

[75] Hillier F S, Lieberman G J. Introduction to Operations Research, 4th Ed. [M]. San Francisco, CA, USA: Holden-Day, Inc., 1986.

[76] Brogan W L. Modern Control Theory (3rd Ed.) [M]. Upper Saddle River, NJ, USA: Prentice-Hall, Inc., 1991.

[77] Sethi S P, Thompson G L. Optimal Control Theory: Applications to Management Science and Economics [M]. Springer US, 2000.

[78] Haken H. 协同学 —— 大自然构成的奥秘 [M]. 上海: 上海译文出版社, 2013.

[79] Witthauer L, Dieterle M. The phase transition of the 2d-ising model [J/OL], 2007. http://quantumtheory.physik.unibas.ch/people/ bruder/Semesterprojekte2007/p1/.

[80] Bak P. How Nature Works: The Science of Self-Organised Criticality (大自然如何工作) [M]. Copernicus, 1996.

[81] Gleick J. Chaos: Making a New Science(《混沌：开创新科学》) [M]. New York, NY, USA: Penguin Books, 1987.

[82] 于渌, 郝柏林, 陈晓松. 边缘奇迹: 相变和临界现象 [M]. 北京: 科学出版社, 2016.

[83] Miller G A. WordNet: A Lexical Database for English [J]. COMMUNICATIONS OF THE ACM, 1995, 38: 39–41.

[84] Miller G A, Beckwith R, Fellbaum C, et al. Introduction to WordNet: An On-line Lexical Database [J]. International Journal of Lexicography, 1990, 3 (4): 235–244.

[85] Miller G A. Nouns in WordNet: A Lexical Inheritance System [J]. International Journal of Lexicography, 1990, 3 (4): 245–264.

[86] Feynman R P. The Feynman Lectures on Physics [M]. Addison Wesley Longman, 1970.

[87] Novak J. Learning, Creating, and Using Knowledge: Concept Maps As Facilitative Tools in Schools and Corporations(学习、创造和使用知识：概念地图促进企业和学校的学习变革) [M]. New York and London: Taylor & Francis, 1998.

[88] Whitehead A N. The Aims of Education and Other Essays(中译本《教育的目的》) [M]. Free Press; Reissue edition, 1967.

[89] Adler M, van Doren C. How to Read a Book (《如何阅读一本书》) [M]. New York: Touchstone, a Divisition of Simon and Schuster, 2011.

[90] Young S. Learn More, Study Less (如何高效学习) [M]. 北京: 机械工业出版社, 2014.

[91] Kleinberg J M. Navigation in a small world [J]. Nature, 2000, 406: 845.

[92] Watts D J, Strogatz S H. Collective dynamics of 'small-world'networks [J]. Nature, 1998, 393: 4405.

[93] Pastor-Satorras R, Vespignani A. Epidemic Spreading in Scale-Free Networks [J]. Phys. Rev. Lett., 2001, 86: 3200–3203.

[94] Albert R, Barabási A-L. Statistical mechanics of complex networks [J]. Rev. Mod. Phys., 2002, 74: 47–97.

[95] 吴金闪, 狄增如. 从统计物理学看复杂网络研究 [J]. 物理学进展, 2004, 24 (1): 18–46.

[96] 汪小帆, 李翔, 陈关荣. 网络科学导论 [M]. 北京: 高等教育出版社, 2012.

[97] Barabási A-L, Pósfai M. Network science [M]. Cambridge: Cambridge University Press, 2016.

# 名 词 索 引

# 人名与常用翻译

**E**



**F**



**G**



**H**



**I**



**K**



**L**

# 插　　图

# 举 例 目 录